蕨類
觀察入門
Guide of Ferns

郭城孟◆著　黃崑謀◆繪

台灣館◆編輯製作

遠流出版公司

目錄

176 附錄

圖錄

以下十頁，展列觀察篇所介紹的台灣三十五科蕨類代表種類之圖繪，只要按頁碼查索，詳讀內文，即可大致掌握台灣每一科蕨類的特色，以及其中最具代表性的三十五種蕨類的重要特徵與習性。

石松科　過山龍　▷P.94

卷柏科　全緣卷柏　▷P.96

水韭科　台灣水韭　▷P.98

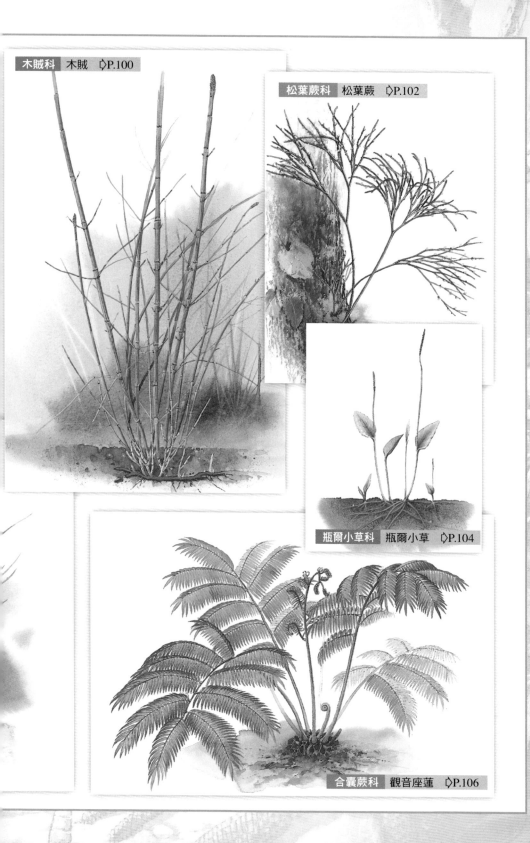

木賊科　木賊　⯈P.100

松葉蕨科　松葉蕨　⯈P.102

瓶爾小草科　瓶爾小草　⯈P.104

合囊蕨科　觀音座蓮　⯈P.106

紫萁科　粗齒紫萁　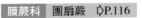P.110

莎草蕨科　海金沙　▷P.112

裡白科　芒萁　P.114

膜蕨科　團扇蕨　▷P.116

桫欏科　筆筒樹　▷P.120

蚌殼蕨科　台灣金狗毛蕨　▷P.118

瘤足蕨科　華中瘤足蕨　▷P.124

碗蕨科　粗毛鱗蓋蕨　➭P.130

雙扇蕨科　雙扇蕨　➭P.126

燕尾蕨科　燕尾蕨　➭P.128

鱗始蕨科　圓葉鱗始蕨　➭P.134

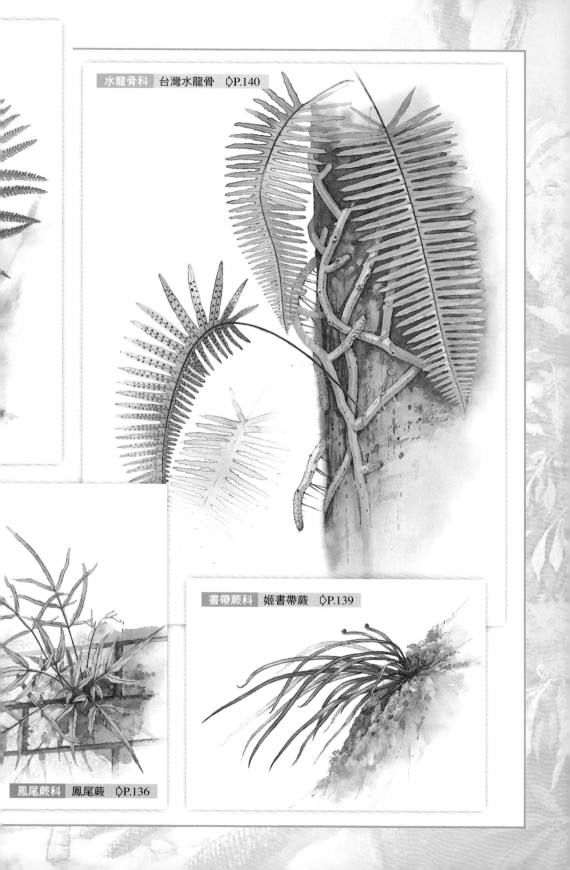

水龍骨科　台灣水龍骨　➪P.140

書帶蕨科　姬書帶蕨　➪P.139

鳳尾蕨科　鳳尾蕨　➪P.136

禾葉蕨科　蒿蕨　▷P.144

金星蕨科　密毛小毛蕨　▷P.146

鐵角蕨科　南洋巢蕨　▷P.148

烏毛蕨科　東方狗脊蕨　▷P.152

骨碎補科　杯狀蓋骨碎補　▷P.154

腎蕨科　腎蕨　▷P.158

篠蕨科　藤蕨　▷P.161

蹄蓋蕨科　過溝菜蕨　▷P.168

蘿蔓藤蕨科　海南實蕨　▷P.162

鱗毛蕨科　南海鱗毛蕨　▷P.164

三叉蕨科　蛇脈三叉蕨　▷P.166

田字草科　田字草　▷P.170

槐葉蘋科　槐葉蘋　▷P.172

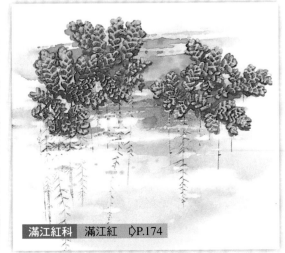

滿江紅科　滿江紅　▷P.174

如何使用本書

《蕨類觀察入門》是一本認識蕨類的圖解入門書。全書主要分成認識篇、相遇篇、方法篇及觀察篇四個部分：認識篇綜論蕨類的基本概念；相遇篇探討蕨類生長習性與環境的關聯性，並依海拔高度介紹台灣蕨類的分布情形；方法篇是依演化脈絡所製作的分科檢索表，除了提供辨識觀察的捷徑外，更是鋪陳蕨類演化與分類關係的完整圖譜；本書的重點是觀察篇，依演化先後順序將台灣三十五科蕨類一一介紹出場，並以圖解方式呈現代表種類之觀察重點，加上四種類型的延伸知識以增進瞭解的深度。最後的附錄則是進行記錄、採集與製作標本時的參考原則。

　　建議讀者先閱讀認識篇與相遇篇，對蕨類有初步的認識後，再透過方法篇的查索，進入觀察篇各章，此時如能配合現場對照與圖鑑的使用，當更能對台灣現生各科蕨類的特色與該科的代表種類有進一步的瞭解。

1 先閱讀認識篇與相遇篇，瞭解蕨類的相關背景，並熟悉常用的專有名詞。

2 依方法篇總表中所提示之判斷特徵檢索到可能之大類，再至分類表進行檢索，找到最接近之科（或屬、群）。

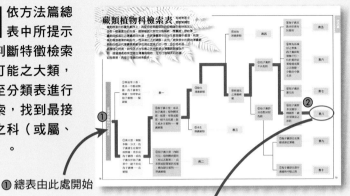

① 總表由此處開始

② 找到可能之大類

④ 找到最接近之科（或屬、群）

③ 至分類表進行檢索

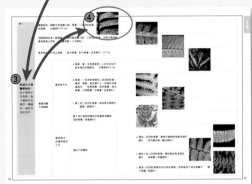

3 至觀察篇詳細閱讀該科之介紹，可同時配合現場觀察與圖鑑之使用。

代表種類前言：選擇該科具有代表性之種類，提示其外觀、生態與分布等重點。

代表種類之生態照

科前言：該科主要特徵與生態習性之描述。

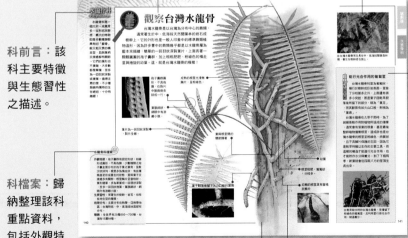

延伸知識：歸納整理該科各種有趣的背景知識，依性質分成「演化舞台」、「生態視窗」、「識別錦囊」、「蕨類與人」四類。

科檔案：歸納整理該科重點資料，包括外觀特徵、生長習性、地理分布與種數。

代表種類主圖：以精密細緻之手繪圖呈現，並約略帶出環境背景。

主圖註記：拉線提示觀察重點，並搭配局部特徵照或線圖輔助說明。虛線表示主圖描繪角度無法清楚呈現所指部位之全貌。

認識篇

什麼是蕨類？

蕨類有些什麼特徵？

它的根、莖、葉、孢子囊群……

有哪些有趣的變化？

「世代交替」是什麼意思？

蕨類演化的祕密如何破解？

在主流種子植物的世界裡，蕨類如何找到生存之道？

本篇從裡到外，從古到今，

一一揭開蕨類的神祕面紗，

全面透視蕨類。

什麼是蕨類？

什麼是蕨類？它們和我們一般看到的其他綠色植物有什麼區別？有人說，當你走到野外，只要看到有植物舉著大大的問號問你：「我是誰？」不妨大膽的說：「你就是蕨類！」因為如問號般、捲旋狀的幼葉，正是大多數蕨類的重要特徵之一！

蕨類的特徵

蕨類是一群具有維管束的孢子植物，由於沒有花、果實和種子，在生存競爭的條件上顯得較種子植物遜色，因此在植物演化的主流位置——森林中，只能屈居配角，躲在種子植物的身影下，尋找生命的出路。

蕨類通常都是利用孢子囊所產生的孢子來繁殖後代，而且在世代交替的過程中，孢子體和配子體各自獨立生活。由於生存不易，在保護及傳播孢子的機制上便演化出極為多樣的形態特徵與構造。以下就是蕨類最重要的四項特徵。

特徵一 幼葉呈捲旋狀

無論到世界任何一個地方，只要看到幼葉呈捲旋狀者，百分之百一定是蕨類！全世界沒有其他植物的幼葉呈捲旋狀。不過，

蕨類植物中也有少數種類不具有此項特徵，例如瓶爾小草和水生蕨類槐葉蘋、滿江紅，以及原始的小葉類如石松、卷柏等，此時就須靠其他特徵來輔助辨識了。

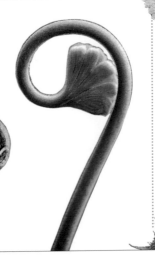

特徵二 沒有花、果實、種子，以葉子為主體

蕨類不開花，也沒有果實和種子，而且一般也沒有明顯的樹幹（莖），所以整個植株最顯著的部分就是它的葉子。與其他的植物相比，蕨類的葉子通常比較大，這是為了要在森林中主流植物的陰影下捕捉到較多陽光之故。蕨類的葉子有各式各樣的分裂方式，不過它分裂的小葉一般都排在同一個平面上。

特徵三 成熟的葉子背面可見孢子囊群

孢子是蕨類主要的繁殖及傳播工具，與高等植物的種子極為不同，它只有一個細胞大小，肉眼無法看見，一般是以六十四顆為一群藏在孢子囊中，而孢子囊成群集結後形成孢子囊群，其外形與保護裝置的形態，是辨別各類群蕨類的重要依據。通常孢子囊群位於蕨類成熟葉子的葉背，但有少部分種類的孢子囊並不集結成孢子囊群，形體一般也比較大，長在葉腋或孢子囊穗中。

特徵四 具有世代交替的一生

許多植物都具有有性和無性兩個世代，但是種子植物是有性世代（配子體）寄生在無性世代（孢子體）上，苔蘚植物是無性世代（孢子體）寄生在有性世代（配子體）上，唯有蕨類是無性世代（孢子體）、有性世代（配子體）各自獨立生活，它的一生是兩個世代交互輪替的過程。

蕨類的定位

認識蕨類的特徵後，接著可以進一步來瞭解它在植物世界中的定位。

在芸芸眾生中，有一群生物靠著光合作用，可以將太陽光的能量轉變成生物可運用的能量形式，以提供本身與其他生物的生長需要，這群生物就是我們所說的「綠色植物」。綠色植物除了水生的藻類之外，還有陸生的苔蘚、蕨類和種子植物；其中苔蘚植物不具有維管束，而蕨類和種子植物則都具有維管束組織。

根據研究，陸生綠色植物的演化是源自類似海藻的生物，它們在體內逐漸發展出具有輸送養分、水分及支撐功能的各種細胞，這些細胞相互串連即形成維管束，加上表皮組織以及繁殖器官的保護措施，使得植物得以在陸地生活，後來再逐漸演變形成高大的林木，這些最早登陸的維管束植物就是蕨類植物的祖先。

前述的情形大約發生在四億多年前，而在植物大舉上陸之時，另一個演化的旁支則形成早期原始的苔蘚植物，苔蘚類並沒有維管束，因此和蕨類只有間接的親緣關係，反倒是早期的化石證據顯示，後來的種子植物和早期較原始的蕨類植物有較直接的血緣關聯。

比較蕨類、苔蘚類和種子植物三類陸生綠色植物的差別：蕨類和種子植物都具有

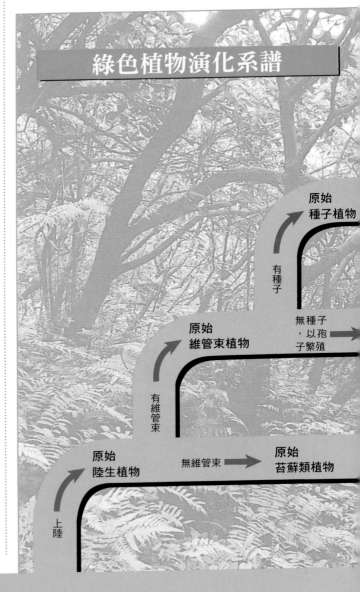

綠色植物演化系譜

原始種子植物

有種子

無種子，以孢子繁殖

原始維管束植物

有維管束

原始陸生植物

無維管束 ➡ 原始苔蘚類植物

上陸

原始海藻類生物

維管束，孢子體也非常顯著，不過種子植物具有種子，有的甚至會開花及結果，且通常具有挺空的莖枝，其配子體僅剩數個細胞，寄生在孢子體上面；而蕨類的孢子體和配子體則是各自獨立生活，配子體小如小指指甲般，甚至更小，雖然不顯著，但肉眼可見。苔蘚植物則是以配子體為主要之表現型，其孢子體寄生在配子體之上，因為植物體內不具維管束，所以苔蘚植物離不開潮濕的環境，也不會長高。

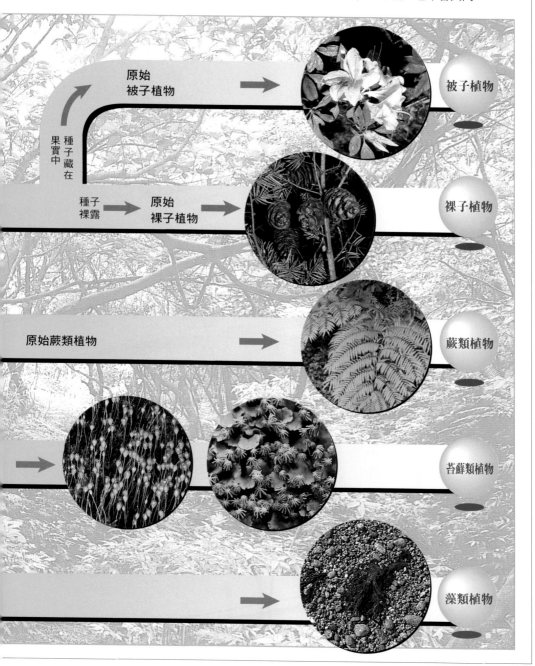

原始
被子植物 → 被子植物

種子藏在
果實中

種子
裸露 → 原始
裸子植物 → 裸子植物

原始蕨類植物 → 蕨類植物

→ 苔蘚類植物

→ 藻類植物

仔仔細細看蕨類

蕨類基本上可分成兩群，第一群是與三億多年前的古石松、古木賊有關的擬蕨類，這群蕨類至今仍保留「以莖為主體」的特色，葉子一般都很小，所以又稱為小葉類。另一群是真蕨類，大多是兩億年前之後才演化出來，它們和擬蕨類剛好相反，葉子較大，莖通常不顯著，因此又稱為大葉類。擬蕨類由於類群數量不多，且特色分明，所以較容易區分。真蕨類則因族群龐大，外觀變化繁複，辨識難度較高，相對趣味性也倍增。本章即以真蕨的外觀構造為探討重點。

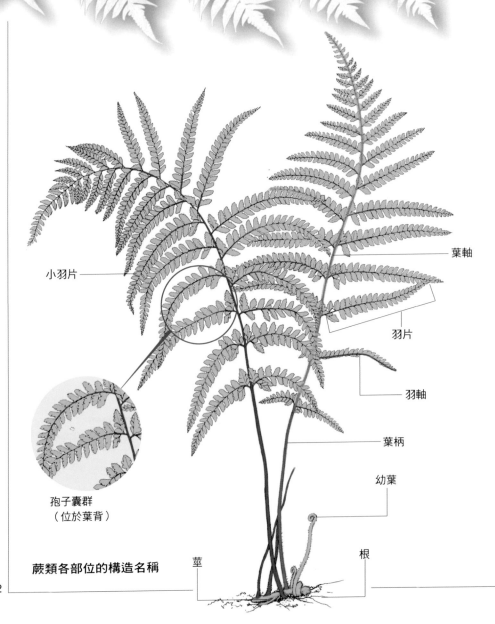

小羽片

葉軸

羽片

羽軸

葉柄

幼葉

孢子囊群
（位於葉背）

莖

根

蕨類各部位的構造名稱

各式各樣的根

一般人大概不會去注意蕨類的根，因為都長在地下，不過在野外倒是可以留意偶爾某些蕨類的根會露出地表。大部分蕨類的根都呈細絲狀，台灣只有三群蕨類的根較粗大，狀似蘭花根，即合囊蕨科、瓶爾小草科及鳳尾蕨科的鹵蕨，合囊蕨科及鹵蕨的根經常會露出地表，而瓶爾小草科的根則通常都深埋於地底。

●合囊蕨科的觀音座蓮具有粗大的根，這是一般蕨類中少見的現象。

各式各樣的莖

真蕨類的莖一般而言都不顯著，僅樹蕨類具有挺空的直立莖是少數的例外。真蕨類中最常見的莖為橫走莖和斜生莖，尤其後者為蕨類植物的特色之一，因為在其他植物身上很少見，次常見者為短直立莖，而攀緣莖、懸空莖及纏繞莖則比較少看到，所以蕨類的莖可分成挺空的直立莖、短直立莖、斜生莖、橫走莖、攀緣莖、纏繞莖及懸空莖等七種類型。

挺空直立莖

有少數的蕨類具有如種子植物般的挺空直立莖，但不同的是它們通常不分叉，也因為沒有形成層，所以莖不會加粗，也不會形成年輪，當然更無法藉由年輪去測知年歲。具有明顯挺空直立莖的蕨類植物，通常稱為「樹蕨」，例如桫欏科的筆筒樹、南洋桫欏、台灣桫欏、鬼桫欏、蘭嶼桫欏，以及烏毛蕨科的假桫欏、蘇鐵蕨等。還有一些類群，在植株年齡較大時，也可以看到挺空直立莖的存在，例如：蹄蓋蕨科的過溝菜蕨、霧社雙蓋蕨等。

短直立莖

短直立莖也是屬於直立莖的一種，只是不挺空而已，但是具有挺空直立莖的蕨類其幼小時亦為短直立莖。具有短直立莖的種類包括大部分瘤足蕨科的種類、山蘇、腎蕨等，而居家附近常見的野小毛蕨也具有短直立莖。值得注意的是，凡具有短直立莖的蕨類，葉子都是叢生，然而葉叢生的蕨類卻不一定都具有短直立莖。

斜生莖

又稱亞直立莖，外觀像是會斜向上生長、節間極短的匍匐莖，又有點像傾斜生長的直立莖，葉子呈叢生狀，但比短直立莖的叢生葉蓬鬆。許多地生型的蕨類，尤其是較高等的蕨類，都具有斜生莖，如多數鱗毛蕨科、蹄蓋蕨科的蕨類。

橫走莖

是蕨類中十分常見的一種莖，有長橫走莖及短橫走莖之分；長橫走莖又可區分為長在著生物表面的匍匐莖，與長在地表下的地下莖。它們的共同特點是，葉子不會呈噴泉般的叢生狀，這是短直立莖及斜生莖蕨類葉子的生長方式，具有橫走莖的蕨類其葉子彼此之間會有一點距離，所以常呈現散生的狀態。

長橫走莖的蕨類葉子長得就像孟宗竹一樣；而短橫走莖的蕨類葉子互相之間就靠得比較近，乍看下有些像小型的綠竹叢。例如：裡白科蕨類具有長橫走狀的地下莖；許多著生型的水龍骨科及骨碎補科蕨類具有長橫走狀的匍匐莖；而短橫走莖的蕨類則散見於各科，如海金沙

各種蕨類的莖

●短直立莖　　●短橫走莖　　●長橫走莖　　●斜生莖

●挺空直立莖　　●纏繞莖　　●攀緣莖　　●懸空莖

、鐵線蕨及蘿蔓藤蕨科的許多種類等。

攀緣莖及纏繞莖

　　這兩種莖以在熱帶雨林中的蕨類較常見，由於雨林地表泥濘潮濕，通常蕨類生長靠近樹幹後，會順著樹幹爬升，一方面可以接受較多的陽光，另一方面也可開拓新的空間領域，以脫離根部呼吸困難的環境，而雨林空氣潮濕，樹幹上植物仍可取得足夠的水分，因此樹幹部分的莖有時會逐漸與原本生長在地面的莖脫離，最後形成類似著生植物的生長狀況。台灣的攀緣鱗始蕨及蘿蔓藤蕨是蕨類中攀緣莖的代表，而藤蕨則是纏繞莖的代表，前者常長在樹幹基部或主莖之上，由下往上爬升，但並不環狀纏繞主莖；而後者則可爬升至小樹的枝條附近，且常呈蔓藤般之纏繞現象。

懸空莖

　　這是蕨類中非常罕見的一種生長方式，其習性類似熱帶雨林中的木質藤本植物，乍看之下，植株的地上莖似懸掛在半空中，僅末梢的枝條下垂，木賊葉石松是台灣唯一的代表。推測其成因，可能是植物體與它所棲身的森林同時發育所致，也就是說其年輕時所依附的植物，目前已長高至樹冠層的高度，所以地上莖就呈現懸空的狀態，這種特殊的蕨類生長習性，只出現在熱帶雨林高山的雲霧地區。

各式各樣的葉

由於近代蕨類的莖通常都半埋於地下、很不顯著，加上它沒有花、果實和種子，因此露出地表、最引人注意的部分自然只剩葉子了。由於蕨類葉子的分裂形式非常規律，在自然界中的表現方式與其他植物大異其趣，故特有「蕨葉」之稱。

真蕨類的葉子是觀察時的重點，往往整株植物只看到葉子，以致於有些人會將葉軸誤認為莖。就實際的尺寸來說，有小如滿江紅，大小僅約一公釐者，也有大如筆筒樹或觀音座蓮，長度可達三公尺者，變化相當大。但從外觀形態來看，除了一些較特殊的情況外，倒是有些規則可循。

以下就分別從葉形、葉片分裂程度、葉緣的形狀、葉脈、葉表主軸溝槽的有無與是否相通等，來分析真蕨類蕨葉的變化情形。

葉形

蕨葉的外形主要可區分為線形、橢圓形、圓形、披針形、卵形及五角形等，例如：書帶蕨屬的種類皆為線形；橢圓線蕨是因葉片外形為橢圓形而得名；團扇蕨的名字源自有如圓形團扇的外觀；披針形和卵形的葉形在真蕨中最常見，尤其前者，像是石葦和萊氏線蕨皆具有披針形的葉形，而細柄雙蓋蕨和尖葉鐵角蕨的葉形則為卵形。

最特別的是五角狀葉形，形成的原因主要是由於基部一對羽片，其最下朝下的小羽片特別長，且呈一回羽狀分裂，這兩片小羽片的外形就像個「八」字，這個特徵最常出現在鱗毛蕨屬及複葉耳蕨屬，鳳尾蕨屬偶爾亦可見到。

通常在區分「屬」以下各種類時，會利用到葉形的特徵來協助辨識。

● 書帶蕨的葉為線形，狀似禾草。

● 團扇蕨的名字源自其圓形有如團扇般的葉片外形

● 橢圓線蕨是因其葉片外形近似橢圓形而得名

●石葦的葉片具有披針形的外貌

●尖葉鐵角蕨具有卵形的葉片，其
基部數對羽片大略同形。

●細葉複葉耳蕨的五角形葉片，其
基部羽片最下朝下小羽片特別長。

葉片分裂程度

　　除了孢子囊群之外，蕨葉的分裂程度是最常用的辨識特徵，在區分同一屬內的不同種類時尤其常用。

　　蕨葉的分裂程度由簡而繁可細分為：單葉全緣、二叉分裂之單葉、單葉三裂、掌狀分裂之單葉、一回羽狀分

蕨葉的分裂程度

●單葉全緣

●單葉三裂

●二叉分裂
之單葉

●三出複葉

●二叉分裂之複葉

●三出的三出複葉

●掌狀分裂之單葉

●掌狀複葉

裂、一回羽狀複葉、二回羽狀分裂、二回羽狀複葉、三回羽狀分裂……，依此類推。回數超出四回羽狀分裂者，可籠統合稱為多回羽狀分裂或複葉。此外，分裂又可依裂入的程度，分成淺裂、中裂與深裂。

複葉類的蕨葉除了前述的羽狀複葉占大宗之外，尚有較少見的：三出複葉，如錫蘭七指蕨；掌狀複葉，如瓦氏鳳尾蕨；二叉分裂之複葉，如分枝莎草蕨、扇葉鐵線蕨、雙扇蕨等。

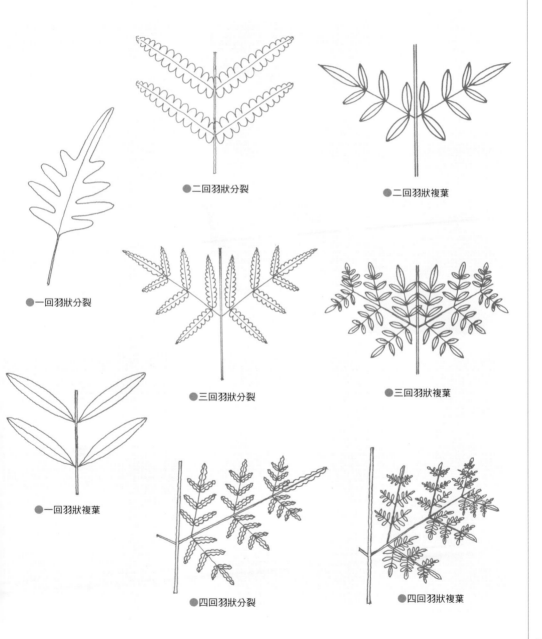

●一回羽狀分裂

●二回羽狀分裂

●二回羽狀複葉

●三回羽狀分裂

●三回羽狀複葉

●一回羽狀複葉

●四回羽狀分裂

●四回羽狀複葉

葉緣的形狀

蕨類的葉緣有時也可以當作區分種類的重要依據，一般可以簡略地區分為：全緣、鈍鋸齒緣、銳鋸齒緣、複鋸齒緣以及芒刺狀葉緣等五種；而銳鋸齒緣有時依鋸齒的大小，又可區分為粗鋸齒緣與細鋸齒緣。

有的種類甚至具有軟骨質的葉緣，這是水龍骨科苿蕨屬的特徵，少數的耳蕨屬植物也具有類似特徵。芒刺狀葉緣通常是用來辨識耳蕨及複葉耳蕨屬植物，這兩屬的蕨類葉子多為亮革質，再加上芒刺狀葉緣，可以很容易和其他蕨類區分。至於其他數種類型的葉緣則普遍散見於蕨類各分類群。

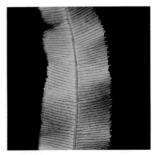

●大葉鳳尾蕨之羽片具有細鋸齒狀邊緣

●鈍齒鐵角蕨名字的由來即因其羽片邊緣具鈍鋸齒

●複齒鐵角蕨即因其羽片邊緣具複鋸齒而得名

●有刺鳳尾蕨的裂片邊緣為全緣

●細裂蹄蓋蕨的裂片邊緣為粗鋸齒狀

●斜方複葉耳蕨小羽片邊緣具芒刺狀銳齒

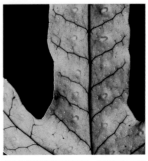

●三葉茀蕨具軟骨邊，且其於二相鄰側脈間具缺刻。

特殊的蕨葉

真蕨類植物中，有一些種類具有比較特別的蕨葉，不容易由前述之葉形與葉片分裂度加以歸類，例如：滿江紅（見 P.174）的葉子裂成上下二片；槐葉蘋（見 P.172）的葉子三片輪生，沉水的一片葉子還變成鬚根狀；田字草（見 P.170）則是由一根長柄頂著四片小葉子，狀如酢漿草；海金沙（見 P.112）的葉子也極為特殊，其葉軸可以無限生長，形成蔓藤狀，並藉著其他植物的植物體向上爬升；裡白科（見 P.114）的蕨葉其主軸頂端有休眠芽，促使整個葉片形成二分叉或多回二分叉的外形；而膜蕨科的盾形單葉假脈蕨則具有盾狀著生的單葉；另外，槲蕨（見 P.143）的腐植質收集葉也極為特殊。如仔細分析這些具有特殊葉形的真蕨類，可以發現它們大多屬於水生型或是較原始的薄囊蕨類，有不少都是二億年前左右蕨類第三波大發生時所遺留下來的產物。

葉脈

　　真蕨的葉脈依功能主要可區分為兩大類，一類是真脈，另一類稱為假脈。

　　真脈指的是最終會與葉子主軸互相連結的脈，除了支撐的功能外，主要是可以運送水分及養分，就如同人類的微血管一般。而假脈則是位於真脈之間，各自獨立，與真脈不相連結的另一種脈，它無法輸導水分及養分，有人認為它的功能就像傘的支架一樣，只是為了協助支撐；台灣具有假脈的蕨類包括部分膜蕨科、觀音座蓮屬及鳳尾蕨屬的植物。

　　蕨類的真脈如依形狀可區分為末端不連結的「游離脈」，以及至少部分連結的「連結脈」，依其連結的形態可分成「弧脈」、「小毛蕨脈」（見P.147）、「實蕨脈」（見P.163）及「網狀脈」等。

　　其實游離脈與網狀脈還有許多種變化，例如游離脈中有一類型稱為「擬肋毛蕨脈型」，它最特殊的地方即是：屬於同一末裂片的小脈，其最基部的小脈不是出自該末裂片的中脈，而是出自羽軸；而網狀脈則又可分成兩種，一種在網眼中空無一物，另一種於網眼中尚可見游離小脈。

●薄葉三叉蕨在羽軸兩側各具一排弧脈

●海南實蕨在羽軸兩側亦具有弧脈，弧脈上尚可見向外延伸的小脈。

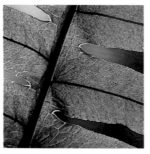
●阿里山水龍骨其網狀脈的網眼中具有游離小脈

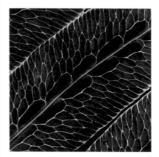
●東方狗脊蕨其網狀脈的網眼有大小眼之分，且其中不見小脈。

●過溝菜蕨屬於雙蓋蕨屬菜蕨群，該群是除了金星蕨科以外，少數具有小毛蕨脈型的一群蕨類。

●三叉蕨屬擬肋毛蕨類特有之擬肋毛蕨脈型

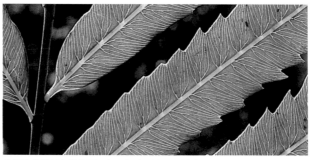
●粗齒紫萁具有游離脈，每一組小脈均呈不等邊二叉分支的現象。

葉表主軸的溝槽

葉的主軸一般指的是葉軸及羽軸。在比較進化的真蕨類，例如蹄蓋蕨科、鱗毛蕨科、三叉蕨科、金星蕨科等類群，由於物種非常龐雜，形態特徵變化相當大，常無法僅以單一特徵，例如孢子囊群及孢膜的外形，來區分科或亞科，有時必須藉助葉表主軸是否有溝槽，做為區分類群的輔助特徵。一般而言，鱗毛蕨科及蹄蓋蕨科其葉表主軸通常都具有溝槽而且彼此互通，而三叉蕨科及金星蕨科，葉表主軸有時有溝有時則否，但是葉軸與羽軸如果具有溝槽，彼此也不相通。

●觀察蹄蓋蕨科植物之葉表面，其羽軸與葉軸均具有溝槽且互通。

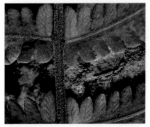

●金星蕨科的野小毛蕨葉表可見葉軸與羽軸均具有溝槽，但彼此互不相通。

各式各樣的毛與鱗片

有人說，蕨類比起其他類植物似乎多了一些野性與草莽氣質，這也許是因為有不少蕨類看起來「毛茸茸」的關係吧！許多蕨類的植株上，包括根莖、葉柄、葉軸、羽軸甚至葉片，或多或少分布著毛或鱗片，這是蕨類的一種保護構造。

毛與鱗片兩者合稱為「毛被物」，它們都是表皮細胞的衍生物，因此和維管束沒有任何關聯。兩者都只有單層細胞的厚度，但是毛是僅由一列（甚至一個）細胞所構成，而鱗片則是由二至多列細胞所構成。毛與鱗片在幼莖的頂端及捲旋的幼葉上最容易發現，具有保護幼嫩組織使免於受傷，與保持濕度、溫度的功能。

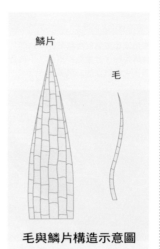

鱗片

毛

毛與鱗片構造示意圖

毛

根莖上有毛是較原始的高等真蕨類的特徵。真蕨類的毛通常是多細胞毛，例如著名的金狗毛蕨根莖上的金黃色綿毛；燕尾蕨及碗蕨科的根莖也都具有多細胞毛；而禾葉蕨科的植物體，特別是葉柄，通常可見到射出狀紫

●台灣金狗毛蕨的莖與葉柄基部密被金黃色的多細胞毛

●肋毛蕨葉表羽軸具有多細胞之肋毛，此亦三叉蕨科之主要特徵。

褐色的多細胞毛；另外，葉表羽軸上有多細胞之肋毛是三叉蕨科最主要的特徵。比較特殊的是，細葉姬蕨的多細胞毛是具有黏性的腺毛，水龍骨科的石葦屬和鹿角蕨屬植株具有星狀毛。不過要觀察這些毛的形態與構造，至少需要十倍以上的放大鏡或顯微鏡協助才行。

●細葉姬蕨的葉上具有黏性的多細胞毛

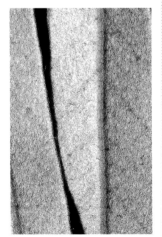

●楓葉石葦其葉兩面密布星狀毛，在葉背尤其顯著。

鱗片

根莖上具有鱗片是較進化的高等真蕨類的特徵，一般我們在郊外所見到的蕨類大部分都屬此類。有些蕨類根莖上的鱗片屬於早落型，像是台灣水龍骨和德氏雙蓋蕨，所以我們看到它們的根莖顯得十分光滑。不過，大部分高等真蕨類至少在葉柄基部與莖頂都可看到鱗片；也有少數類群甚至在幼嫩孢子囊群上可見到盾形鱗片，如水龍骨科的瓦葦屬植物。

一般而言，蕨類植物的鱗片細胞是不透明的，但是水龍骨科、鐵角蕨科和書帶蕨科其鱗片細胞的中間卻是透明的，且其細胞壁呈現不透明的深色，看起來就像是窗格一般，特稱為「窗格狀鱗片」（見P.141）。

●黑鱗耳蕨的葉柄密布黑褐色的大型鱗片，此亦為其名稱的由來。

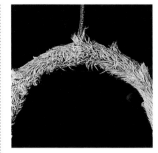

●杯狀蓋骨碎補根莖上密布貼伏的銀白色鱗片

●尖葉耳蕨的葉軸及葉柄均密布淺褐色大鱗片

●肢節蕨橫走的根莖密被棕色、盾狀貼伏的鱗片

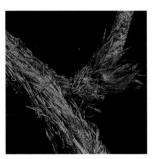

●石葦的根莖上及葉柄基部均密被銀褐色長披針形鱗片

各式各樣的孢子囊

蕨類植物主要是以孢子傳播做為繁殖下一代的手段，而孢子囊是蕨類一生當中唯一可置放孢子的構造。經過數億年的演化，現今蕨類的孢子囊基本上可分成兩類，一類稱為厚囊類，一類則為薄囊類。

厚囊類

演化早期出現的蕨類都具有較厚的孢子囊壁，每個孢子囊內的孢子數目較多，可多達數千顆孢子，而且囊壁上沒有環帶的裝置，因此無法將孢子彈射出去，其散播孢子的能力遠不及近代的蕨類植物。目前全世界的蕨類植物僅擬蕨類和真蕨類中的厚囊蕨類具有厚壁孢子囊，所以這兩群可說是遠古蕨類所留存至今的後裔。

薄囊類

兩億至一億年前，種子植物喬木逐漸取代樹木狀蕨類，使得蕨類植物只能在種子植物森林的縫隙中存活，小型蕨類植物於是應運而生，其放置孢子的設備和傳播機制也跟著改變：孢子囊變小了，肉眼亦難看分明；所裝的孢子數變少了，每個孢子囊裡一般都只有六十四顆孢子；囊壁也變薄了，但囊壁上演化出各式各樣具有彈射功能的環帶，可將較少數的孢子彈入空中。目前世界各

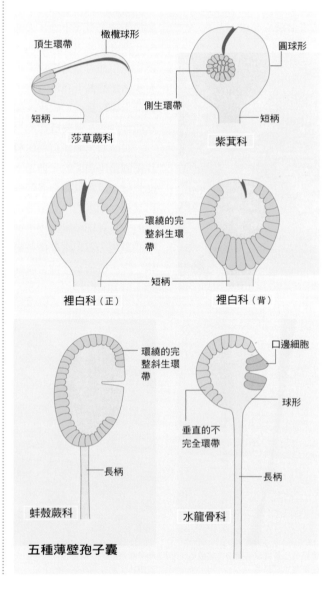

五種薄壁孢子囊

頂生環帶　橄欖球形
短柄
莎草蕨科

圓球形
側生環帶　短柄
紫萁科

環繞的完整斜生環帶
短柄
裡白科（正）

裡白科（背）

環繞的完整斜生環帶
長柄
蚌殼蕨科

口邊細胞
球形
垂直的不完全環帶
長柄
水龍骨科

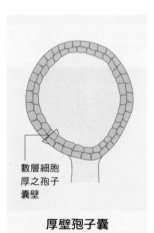

數層細胞厚之孢子囊壁

厚壁孢子囊

地的蕨類主要都屬薄囊蕨。

由厚壁孢子囊演化成薄壁孢子囊的過程並非一蹴而成，而是經過許多嘗試的階段。薄囊蕨的孢子囊在演化之初有許多變化，不管是外形或環帶細胞的排列方式都大異於後來演化出來的各種薄囊類，例如紫萁科的圓球形孢子囊及側生環帶；莎草蕨科的橄欖球形孢子囊及頂生環帶；裡白科及膜蕨科的圓形孢子囊及斜生環帶等，前述這些科的孢子囊都具短柄。不過，也有一些薄囊蕨類的孢子囊在初期即逐漸演化出長柄的構造，外形與近代薄囊蕨的孢子囊頗近似，不同的是，它們都具有完整環繞孢子囊一圈的斜生環帶，這樣的構造比較不利於環帶之彈射作用，如蚌殼蕨科、桫欏科、雙扇蕨科和燕尾蕨科都屬此類。

最後演化出來的孢子囊，也就是目前絕大多數薄囊蕨類所擁有的孢子囊，其囊壁較薄，外觀為球形，底下具長柄，且囊壁上具有垂直的不完全環帶，不具環帶的部分則是一些構造特殊的薄壁細胞，特稱「口邊細胞」，這種構造有助於孢子囊的開裂，而垂直環帶也使得彈射能力更趨完美，可將孢子彈入氣流，並飄送到更遠的地方。

各式各樣的孢子囊群

因為多數真蕨類的孢子囊小到肉眼都不易得見，自然也無從辨識；倒是由許多顆孢子囊集結形成的孢子囊群，由於不同類群的真蕨類其孢子囊群形狀都不相同，反而成為辨識的重要特徵。

真蕨類的孢子囊群在幼嫩時，有些類群可以清楚看到具有孢膜的保護構造，也有某些類群終其一生沒有孢膜

●爪哇舌蕨的孢子囊呈散沙狀密布於葉背

●台灣水龍骨的孢子囊群圓形，無孢膜保護。

保護。孢子囊群有無孢膜保護，以及孢子囊群或孢膜的形狀如何，是區分真蕨各類群非常重要的辨識特徵。

不具孢膜的孢子囊群

真蕨類不具孢膜的孢子囊群有：全面散生葉背，呈散沙狀者，如蘿蔓藤蕨科及燕尾蕨科；具有圓形或長形等固定形狀者，像是水龍骨科、禾葉蕨科大部分種類都是如此；也有沿脈生長者，如鳳丫蕨、澤瀉蕨及車前蕨。

●柳葉劍蕨的孢子囊群長線形，不具孢膜。

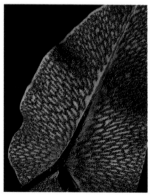
●澤瀉蕨的孢子囊沿著網狀的葉脈生長

具有孢膜的孢子囊群

真蕨類的孢膜有真孢膜及假孢膜之分，由葉表細胞所發展出來者，稱為真孢膜；由葉緣反捲特化而形成者，稱為假孢膜，例如鳳尾蕨、碎米蕨、鐵線蕨等就具有假孢膜，其位置都在葉緣，且開口朝內。

真孢膜的位置一般是在葉背，如果位在葉緣，其開口一定朝外，例如鱗始蕨科、骨碎補科及大部分的碗蕨科。真孢膜有多種形狀，例如：耳蕨屬及貫眾屬的盾狀；大部分金星蕨科及鱗毛蕨科的圓腎形；蹄蓋蕨科的孢膜有馬蹄形、J形、背靠背雙蓋形、香腸形等多種；鐵角蕨科有線形及長線形；骨碎補科具有管形及腎形孢膜；膜蕨科具有二瓣狀及喇叭狀孢膜；蚌殼蕨科具有蚌殼狀孢膜。而最有趣的則是柄囊蕨的球形孢膜，僅以一細柄與葉背的脈連結。

●鳳尾蕨屬的蕨類都具有由葉緣反捲的假孢膜

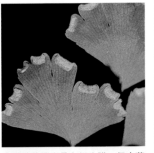

●鐵線蕨屬也具有假孢膜，但小葉片扇形，且不具中脈。

●馬來陰石蕨具有腎形孢膜，且孢膜位於小脈頂端。

●蹄蓋蕨屬常見長形孢膜與J形孢膜混生

●海州骨碎補屬於骨碎補科，其孢膜為管形。

●川上氏雙蓋蕨具有短的、隆起的香腸形孢膜，狀似蟲卵。

●屬於蹄蓋蕨科的細柄雙蓋蕨，其孢膜為長線形，且多背靠背形成雙蓋形。

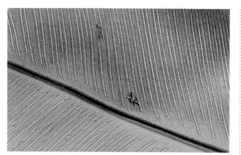

●巢蕨的孢膜為長線形，長在小脈之一側。

●鐵角蕨亦具有線形孢膜，與巢蕨的長線形孢膜相比則顯得較短。

●膜蕨科團扇蕨的孢膜為喇叭狀，內藏孢子囊。

●膜蕨科的細葉蕗蕨，其孢膜為二瓣狀，位於裂片頂端。

●深山鱗毛蕨具有的圓腎形孢膜，是鱗毛蕨科及金星蕨科的重要特徵之一。

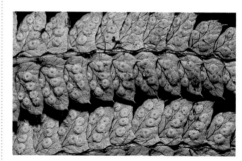

●圓形盾狀孢膜是耳蕨屬及貫眾屬的專屬特徵

●柄囊蕨的孢膜為球形，以一細長柄與葉背相連。

●蚌殼蕨科的金狗毛蕨，其蚌殼狀的孢膜位於裂片的凹入處。

其他有趣的構造

有些蕨類具有一些特殊的構造，可以幫助它們適應較特殊的生活環境，像是關節、不定芽、泌水孔等，這可是它們面對生存競爭時的祕密武器喔！

關節

為植物是否落葉的關鍵因素。當外在環境產生變化，例如乾旱，某些植物體內即出現異於平常的生理現象：可再利用的物質不斷被帶離葉子，廢棄物或有毒物質則累積到葉部，接著在葉柄基部的內部，逐漸形成整層的木栓化圓形細胞，這些細胞有阻斷葉與植物體物質交流的功能，最後，在葉柄基部形成一個稱為「離層」的斷層線，葉子即由此脫落，而脫落後留在莖的斷層界面則稱為「關節」。

植物產生關節不外乎有幾個原因：例如排除廢棄物，減少蒸發散，降低新陳代謝速率等。而台灣的蕨類會落葉，主要原因可能都是為了減少蒸發散。有落葉機制的蕨類通常還會有其他配套措施，例如：根莖很肥厚，內部貯藏水分及養分；根莖表面有鱗片保護，有的甚至表面具有蠟質層；或根莖表層細胞具葉綠體，在落葉後仍可行光合作用。台灣具有關節的蕨類植物，主要是水龍骨及骨碎補兩科成員，此外，岩蕨、羽節蕨、腎蕨與藤蕨等屬也有這種特殊構造。

托葉

托葉位於葉子的基部，一般左右各一，通常也呈葉狀，主要功能是保護幼嫩時期的正常葉，待正常葉成熟後，托葉一般即萎凋脫落。

在自然界中，托葉僅出現在大多數雙子葉植物與極少數的蕨類植物身上，即厚囊蕨類中的合囊蕨和瓶爾小草兩科，這也是厚囊蕨類的共同特徵之一。合囊蕨科的成員其葉柄基部有兩片厚軟骨質、彷如狗耳朵般的托葉，葉子幼小時即捲旋在兩片托葉中間，而當葉子老化掉落後，托葉仍然宿存，並隨著成熟的過程逐漸木質化。瓶爾小草科的托葉則較不顯著，外形為膜質鞘狀，位於葉柄基部。

不定芽

蕨類植物除了靠孢子繁殖之外，還可以利用不定芽來進行無性生殖。不定芽就像一棵小植物體，雖然形態上不很相似，但卻擁有與母株相同的整套遺傳物質。不定芽在成長過程中，養分直接由母株供給，成熟後才獨立生長，其傳播成活率遠大於孢子。但缺點是沒有基因交換的機會。

為什麼叫做「不定」芽呢？因為一般植物的芽不是在枝條頂端，就是在葉腋，不固定長在此二部位的芽即稱為不定芽。不同類的植物，芽體的位置並不固定，有的蕨類會在葉表面長滿小船狀的扁形不定芽，像是東方狗脊蕨；有的則在葉軸上長著數個小拳頭狀的不定芽，如稀子蕨；也有些是從葉的頂端或近頂端發育出或大或小的不定芽，不定芽著土之後，生根長葉，發展出新的植株，形成「會走路的蕨類」

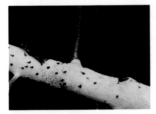

●台灣水龍骨的根莖呈粉綠色，在其葉子由關節處脫落後，仍可行光合作用。

●合囊蕨科的觀音座蓮其老葉凋萎脫落後，木質化的托葉仍然留存。

●稀子蕨的不定芽數量通常不多，呈小拳頭狀，位於葉表的主軸上。

，如頂芽狗脊蕨、鞭葉鐵線蕨、長生鐵角蕨、生芽鐵角蕨和海南實蕨等。

不定芽除了位於葉表和葉頂端及其附近外，有時也會長在葉軸與羽片交界處，如星毛蕨、傅氏三叉蕨等。而有少數的擬蕨類也會在莖上生長不定芽，例如小杉蘭，這是高緯度或高山寒原地區的蕨類適應缺水環境的一種生存策略。

泌水孔

其實許多植物都會有泌水的現象，例如在清晨時刻，我們常可見一些禾草在葉的尖端出現水珠，這是由於夜晚時植物的蒸散作用會降至最低（有時甚至沒有作用），植物體內缺乏因蒸散作用所產生的引力，然而根部的根壓仍會持續將水往上送，因此水分即以液體的形式由泌水孔釋出體外，與蒸散作用是以氣體的方式由氣孔進入大氣不同。

泌水孔位在葉緣及葉的頂

端，是一個有別於氣孔的孔隙。由於泌水孔是以液體的方式釋出水分，所以會挾帶一些礦物質，日出後水分蒸發，淡色的礦物質就會留在葉表，因此用肉眼即可看到泌水孔的位置。此種現象在腎蕨尤其顯著。

辨識擬蕨類

擬蕨類的外觀「以莖為主體」，葉子很小，最多只有一條中脈，有的種類甚至無脈，此外，它們的孢子囊較大，肉眼可見，通常為一顆顆獨立出現，絕不形成孢子囊群，其內所含的孢子數較多，長在葉腋處（小葉與莖的交界處）或是形成孢子囊穗。

全世界的擬蕨類現存僅五大類群，即石松、卷柏、水韭、木賊及松葉蕨，而這些類群在台灣都可看到，各類群的特徵都非常顯著，只要注意其生長環境，如水生或陸生、小葉或枝條是否輪生以及小葉的排列方式，即可輕易區分。

石松科		莖有地上莖及地下莖之分，常呈等邊或不等邊之二叉分支；小葉僅具單脈，螺旋排列或近十字對生；孢子葉和營養葉有同形或不同形兩類，同形種類其孢子葉常集生於枝條末端，異形種類其位在枝條末端之孢子葉，常特化成松果狀之孢子囊穗；孢子囊單一，腎形，著生於葉腋處。
卷柏科		枝條具背腹，由正面看，小葉排成四列，中間兩排稱為中葉，旁邊兩排稱為側葉；小葉無柄，僅具單脈；孢子囊著生於葉腋處，孢子葉集生於枝條末端形成扁形或四角柱形之孢子囊穗。部分種類在直立莖基部或匍匐莖朝地面一側，具有伸長的、無色、無葉之根支體。
水韭科		莖塊狀，植株外形如韭菜；小葉叢生，細長線形，僅具單脈；葉由外向內依次為大孢子葉、小孢子葉、孢子囊發育不良的孢子葉、營養葉；孢子囊單生，位於葉基膨大處。
木賊科		地下莖匍匐，黑色，地上莖直立，綠色；地上莖中空有節，枝條輪生，莖有脊，表面粗糙；小葉輪生，基部癒合成鞘，上部呈齒狀，每一齒具一脈；孢子葉傘狀，孢子囊有數枚，懸吊在傘下，位於傘柄四周，孢子葉在莖頂集生成穗。
松葉蕨科		植株不具真正的根，地下莖褐色，為多回二叉分支之橫走莖；地上莖綠色，亦為二叉分支，光滑無毛，通常有稜脊；小葉鱗毛狀；合生孢子囊球形，具三突起，位於分叉孢子葉之基部。

蕨類的生活史

蕨類的一生可分成兩個世代，一個是體積較大、有著雙套染色體的孢子體世代，另一個是體積微小，只有單套染色體的配子體世代，兩者相互交替的過程稱為「世代交替」。擁有世代交替的生活史，是蕨類的重要特徵之一。

世代交替的一生

蕨類的孢子體也就是我們一般熟悉的蕨類植物體，包括根、莖、葉、孢子囊群、孢膜等構造，其孢子囊中的孢子母細胞經減數分裂即形成具有單套染色體的孢子，孢子成熟後，藉由風力或水力傳布出去，遇到潮濕適宜的環境，即開始萌芽，緊接著細胞不斷分裂，最後形成如小指指甲大小的配子體，配子體貼近地面一側有藏卵器、藏精器及假根，精卵結合後形成具有雙套染色體的受精卵（接合子），如此又進入孢子體世代，經過胚胎的階段，再形成一棵蕨類植物體，如此週而復始。

孢子體世代

蕨類不開花，所以也沒有果實及種子，它們是利用孢子傳播及繁殖下一代，蕨類的葉背常可見如蟲卵狀的孢子囊群，是用肉眼輕易可見的構造單位。有的種類的孢子囊群有孢膜保護，孢子囊群是由許多個孢子囊集結而成，其基座稱為孢子囊托。孢子囊大小如蟲卵一般，不太容易用肉眼看到，而每一個孢子囊在正常的情況下會具有六十四個孢子，這是因為每個孢子囊在發育的過程中，會由一個孢源細胞經過四次有絲分裂產生十六個孢子母細胞，每個孢子母細胞經過一次減數分裂會產生四個孢子，4×16＝64個孢子。當然孢子比起孢子囊更不容易用肉眼看到，它們隨著氣流無所不在地散布於各地。

蕨類的孢子較適宜生長在潮濕的環境，一棵蕨類所產生的數億個孢子，可能只有數個能夠存活，這是近代蕨類的生存策略之一，將孢子變小、數量變多，分散風險地將孢子分批釋放出去，而且至少在

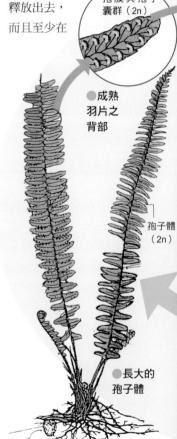

孢膜與孢子囊群（2n）

●成熟羽片之背部

孢子體（2n）

●長大的孢子體

傳播的過程中可以脫離水的控制。

配子體世代

真蕨類的配子體通常為心形，在心形尖端常生長著假根，因為配子體沒有維管束，其根與孢子體的根在結構上並不一樣，但具有類似的功能。在假根之間可發現圓球形突起的藏精器，而在心形配子體凹入處附近可找到外形似長頸瓶的藏卵器。前述的假根、藏精器、藏卵器都生長在配子體的背面，緊貼地面，如此精子才可利用配子體與地面之間的水膜，游泳至藏卵器，再由其頸部進入與卵子結合，而這也是為什麼蕨類植物通常必須生長在潮濕環境的原因。

精、卵結合之後形成受精卵，受精卵含有兩套染色體，一套來自精子而另一套來自卵子，受精卵再經多次細胞分裂即形成小胚胎。高等植物的胚胎外有硬殼保護，甚至硬殼內還有貯存豐富養分的各種組織，以備胚胎發育所需，而蕨類植物則否，這也是種子植物出現在地球之後，蕨類植物從此喪失主流地位的主因。蕨類的胚胎一形成就必須面對外在的環境壓力，無法像種子植物的種子一樣，可利用休眠等待適當的時機來臨。

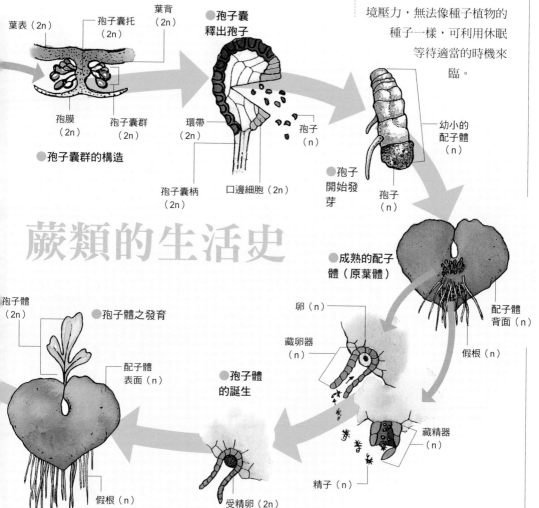

蕨類的生活史

蕨類的演化身世

大約在四億多年前，地球上演化出陸生植物，也就是說，最原始的陸生植物出現在約四億年前，生物至此才稍微脫離水的控制。相較於約三十五億年之久的地球生命史，這是生物界發展的一大突破，而蕨類，則是四億至二億年前森林中最優勢的植物，也就是說，當時的大樹絕大多數都是蕨類。究竟這曾與恐龍共舞的蕨類，擁有什麼樣的演化身世呢？

四波段演化高峰

在地球生物三十多億年的發展史上，蕨類曾有過四個波段的演化高峰，第一波是約四億多年前剛上陸的裸蕨類，這些蕨類至今沒有存留的後代；第

約4億多年前（晚志留紀～早泥盆紀）

第 1 波蕨類大發生

● 陸生植物出現
● 此時之植物為裸蕨類，屬原始維管束植物，植株都很矮小，僅數公分至數十公分，目前已無法找到與它們有血緣關係之後代。

雷尼蕨

三枝蕨

光蕨

工蕨

約3億多年前（石炭紀）

第 2 波蕨類大發生

● 以古老擬蕨類為森林的組成樹種，林高可達45公尺。
● 此森林為今天煤炭層之主要來源
● 當時之木本植物為目前擬蕨類的祖先

蘆木（古木賊類）

鱗木
（古石松類）

二波是在約三億五千萬年前，古石松類及古木賊類的植物形成蕨類森林；第三波約在二億多年前，現存厚囊蕨類及原始薄囊蕨類的祖先是當時裸子植物森林下的主要組成分子；第四波的蕨類大

發生約在一億多年前伴隨著開花植物悄悄上演，現今大部分的科、屬都在這一億年內逐漸成形。

維管束植物之祖

　　根據化石資料顯示，大約

距今四億多年前即有原始維管束植物，像是雷尼蕨、工蕨和三枝蕨等，它們都屬於蕨類。這些早已滅絕的最古老蕨類，個體都很矮小，高度約數公分至數十公分，至多一公尺左右，構造也十分

約2億多年前（三疊紀～侏儸紀）

第 3 波蕨類大發生
- 近代厚囊蕨與原始薄囊蕨的祖先出現
- 古石松及古木賊逐漸消失，裸子植物成為森林的主角。
- 蕨類仍為森林地被層主要的地景植物

蚌殼蕨科

莎草蕨科

桫欏科

裡白科

雙扇蕨科

封印木
（古石松類）

約1億多年前（白堊紀～早第三紀）

第 4 波蕨類大發生
- 在此之前，地球上的陸地都相連，氣候也相當溫暖，因此植被並無地區性之分化；從此階段起，因大陸漂移造成氣候改變，進而影響植被之分化。
- 植被分化造就更多的棲息空間，所有生物開始蓬勃發展，蕨類也不例外。
- 開花植物大量出現，與地被層之蕨類產生競爭。
- 今日所見較進化之薄囊蕨類多在此時出現

槐葉蘋科

滿江紅科

水龍骨科

鱗皮木

髓木

龍骨蕨木

蘆木

鱗木

封印木

輪枝廢木

輝木

古封印木

鱗皮木

石炭紀沼澤蕨類森林復原圖

簡單，其生長環境多為沼澤濕地。

到了約三億年前，較古老的擬蕨類植物如古石松及古木賊出現，它們同樣也是生活在沼澤濕地環境。古石松高可達四、五十公尺，莖常直立不分叉，至末梢始多次重複二叉分支，其葉細長，可達一公尺，但僅有一條脈；有的分枝頂端還具有松果狀的孢子囊穗，有的種類甚至已經發展出挺空、直立的莖，類似今天的美洲落羽松。古木賊高約二、三十公尺，直徑約四十五公分，雖然是生長在沼澤濕地，但具有如現代竹子般橫走的地下莖，所以地面常見成群出現，實際卻可能只有一棵而已。古石松是近代石松、卷柏、水韭等蕨類的祖先，而古木賊則是近代木賊的祖先。

全盛時期的舞台

事實上，蕨類植物的全盛時期即是古石松類和古木賊類廣布的石炭紀，約在三億五千萬至三億年前，當時地球上已形成大片的森林，主要是由蕨類植物所構成，其大喬木有許多都是擬蕨類，例如古石松類的鱗木、封印木以及古木賊類的蘆木等，它們的樹幹都很粗大，頗有當今熱帶雨林的架勢。「石炭紀」名稱的由來係源自當時地層中含有大量煤炭，而這些煤炭就是這片繁盛的蕨類森林被埋入地層以後，長期受到地球內部高壓高熱而碳化所形成的產物。

古石松和古木賊到了二億多年前，由於氣候的變化而逐漸滅絕。石炭紀之後，屬於種子植物的原始裸子植物興起，取代了高大的古石松和古木賊的地位，而體型較小的真蕨類亦漸成為蕨類植物中較優勢的類群，這是蕨類植物第三波的演化運動，二億至一億年前，近代真蕨類的祖先已隱然成形。

江山易主

除了脫離水環境的控制之外，地球生命史上另一個重大突破，就是在大約二億多年前種子植物大量出現。種子可說是植物的小嬰兒，被一個厚厚的硬殼保護，這個裝置使得植物最脆弱的幼小生命，可以擺脫惡劣環境因子之干擾，等待適當的時機再破殼而出，其優勢遠大於單細胞、易受環境因子影響的孢子。

因此，從二億多年前開始，蕨類在森林結構中喬木層的優勢地位逐漸被種子植物取代，之後蕨類植物只能在種子植物的隙縫中尋求發展，逐漸變成今天森林結構中的配角。當然，它的形態、外觀與高度都與四億至二億年前的祖先截然不同，但在形態結構上仍有相關的蛛絲馬跡可供探索；所以說，今天蕨類植物所具有的各種形態、構造以及適應各種環境的生長方式，都是幾億年來演化的結晶。

從演化樹看分類

真蕨類在種子植物的林下尋找生命出路之時，森林的層次結構以及其間的生物多樣性也開啟了多采多姿的另一頁。一般而言，演化都是由簡趨繁，不過有時因應特殊環境的限制，也會由繁趨簡，而且不同的特徵，演化速率也不盡相同。因此演化樹的構成，是透過許多特徵相互比較，從中建構出彼此的親緣關係，並將之繪製成樹狀圖。前述的特徵包含各種形態、化學成分、遺傳物質等，甚至地理分布狀況也都在分析探討之列。

後面兩頁就是台灣蕨類植物可能的演化樹，分枝越靠樹幹基部表示越早出現，所有現生的三十四科蕨類則並列於樹枝末端。依演化先後，我們大致可將今天的蕨類先分成擬蕨和真蕨兩大群，其中真蕨類又可分成厚囊蕨類與薄囊蕨類，而薄囊蕨類中有數科較原始者合稱為原始薄囊蕨，其餘就是今日蕨類世界的主流——較進化的薄囊蕨了。對照下表，可看出蕨類演化的整體脈絡。

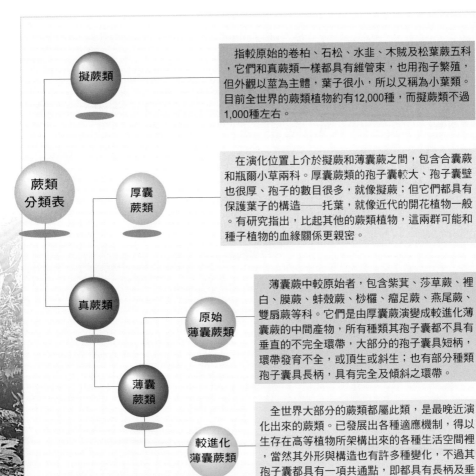

擬蕨類
指較原始的卷柏、石松、水韭、木賊及松葉蕨五科，它們和真蕨類一樣都具有維管束，也用孢子繁殖，但外觀以莖為主體，葉子很小，所以又稱為小葉類。目前全世界的蕨類植物約有12,000種，而擬蕨類不過1,000種左右。

蕨類分類表

厚囊蕨類
在演化位置上介於擬蕨和薄囊蕨之間，包含合囊蕨和瓶爾小草兩科。厚囊蕨類的孢子囊較大、孢子囊壁也很厚、孢子的數目很多，就像擬蕨；但它們都具有保護葉子的構造——托葉，就像近代的開花植物一般。有研究指出，比起其他的蕨類植物，這兩群可能和種子植物的血緣關係更親密。

真蕨類

原始薄囊蕨類
薄囊蕨中較原始者，包含紫萁、莎草蕨、裡白、膜蕨、蚌殼蕨、杪欏、瘤足蕨、燕尾蕨、雙扇蕨等科。它們是由厚囊蕨演變成較進化薄囊蕨的中間產物，所有種類其孢子囊都不具有垂直的不完全環帶，大部分的孢子囊具短柄，環帶發育不全，或頂生或斜生；也有部分種類孢子囊具長柄，具有完全及傾斜之環帶。

薄囊蕨類

較進化薄囊蕨類
全世界大部分的蕨類都屬此類，是最晚近演化出來的蕨類。已發展出各種適應機制，得以生存在高等植物所架構出來的各種生活空間裡，當然其外形與構造也有許多種變化，不過其孢子囊都具有一項共通點，即都具有長柄及垂直的不完全環帶。

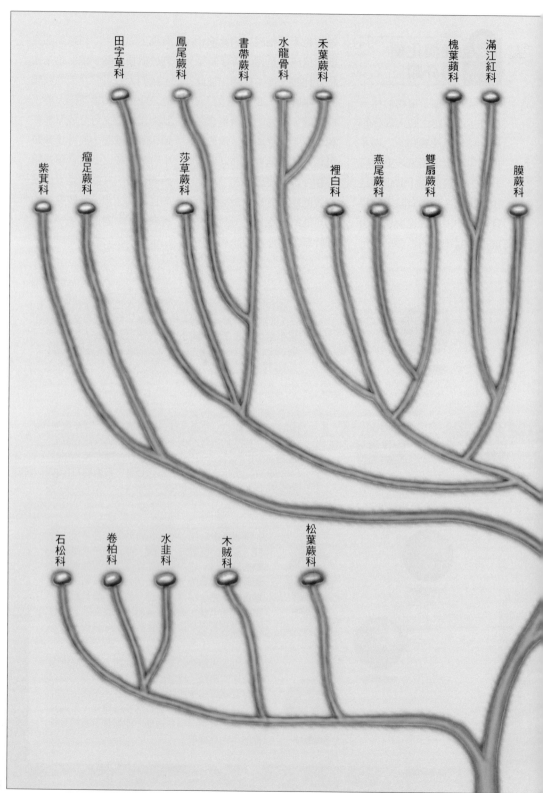

田字草科
鳳尾蕨科
書帶蕨科
水龍骨科
禾葉蕨科
槐葉蘋科
滿江紅科

紫萁科
瘤足蕨科
莎草蕨科
裡白科
燕尾蕨科
雙扇蕨科
膜蕨科

石松科
卷柏科
水韭科
木賊科
松葉蕨科

46

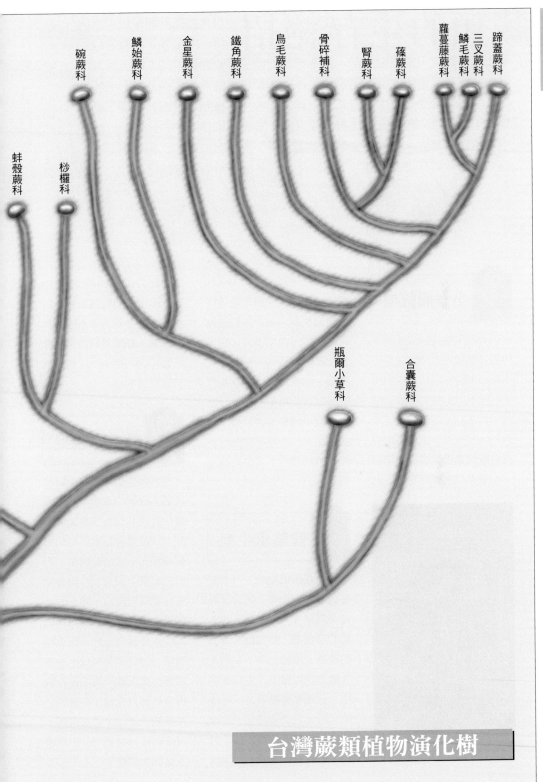

蹄蓋蕨科

三叉蕨科

鱗毛蕨科

蘿蔓藤蕨科

骨碎補科

腎蕨科

篠蕨科

烏毛蕨科

鐵角蕨科

金星蕨科

鱗始蕨科

碗蕨科

蚌殼蕨科

桫欏科

瓶爾小草科

合囊蕨科

台灣蕨類植物演化樹

蕨類的生存絕招

有人認為蕨類是較「低等」的植物，因為它較早出現在地球，構造較簡單，和主流派的種子植物有很大的不同。其實從傳播與生存策略的觀點來看，許多蕨類都有相當進化的構造及形態特徵，而蕨類多樣化的生活方式和出神入化的生存機制，更絕非一個「低等」可以概括。在主流環境被占據之後，蕨類植物轉向一些比較困厄的環境生活，著生、岩生等生活型相繼出現，蕨類對於這些比較乾旱的環境，自有一套方法去適應。下面就是各式各樣蕨類的生存絕招。

半空攔截型

由於著生植物無法從地上與附著體獲得水分及養分，因此必須設法留住從空中落下的雨水、落塵和各種有機物，如落葉、昆蟲屍體等，做為生長所需。像是鐵角蕨科巢蕨的葉子呈覆瓦狀排列、水龍骨科崖薑蕨的葉子沿樹幹繞圈，都可以利用來承接水分及落葉。而水龍骨科的槲蕨和鹿角蕨更是把這種機制發揮得淋漓盡致，它們特化出一種稱為「腐植質收集葉」的葉子，除了收集樹幹「莖流」所流下的養分之外，還可增加濕度及根莖的保水能力，在乾旱季節時更能讓植物體的生長點持續保有生命力。

●鹿角蕨具有二叉狀一般的葉子及圓形、特化的腐植質收集葉。

變臉求生型

有些蕨類植物的上下兩面顏色非常不一樣，通常表面是深綠色，背面則為各式各樣的淺色系，如雪白、發亮的淺綠、銀褐色等。它們大多數長在岩壁上，生長條件比一般著生植物更差。環境乾旱時，它們就將葉子捲縮，把顏色較淺的葉背朝上翻捲，乍看下像是變了一張臉，以此方式多少可以反射陽光，減少蒸發散的面積，防止水分散失。例如水龍骨科石葦屬、鳳尾蕨科粉背蕨類及卷柏科的萬年松等植物都有類似的本領。

壯士斷腕型

有許多生長在岩石地區或是著生樹幹的蕨類，或是適應生長在其他乾旱地區的蕨類，一般都會在葉與莖的交接處演化出關節的構造，也有在葉柄上或是羽片與葉軸交接處具有關節。關節的功能是蕨類植物面對乾旱得以減少水分蒸發散的一種生存策略，有的是葉柄以上全部脫落，如大部分的水龍骨科與骨碎補科成員；篠蕨則是在葉柄中部以上全部脫落；腎蕨科僅只脫落羽片，常留下枯乾的葉軸。

反求諸己型

水龍骨科的台灣水龍骨是全世界極為罕見、具有粉綠色根莖，且終其一生的大部分時間都可用來代替葉子行光合作用的蕨類植物。台灣水龍骨著生於低海拔闊葉林，它的葉子較薄，當環境濕度稍有改變，葉子即迅速脫落，以降低蒸發散的速率，接著它肥胖的根莖平時所累積貯存的水分和養分便可派上用場，提供生存所需；加上粉綠色根莖還可行使光合作用，因此植株似乎也無須急著長出新葉，所以在野外常可看到沒有葉子的台灣水龍骨。

而腎蕨科的腎蕨，除了在乾旱季節羽片會掉落之外，地下部分還有球狀的儲水器，可在平時儲藏更多的水分，以備不時之需；又如水龍骨科的伏石蕨，外形似肥厚的多肉植物一般，平時即貯存大量的水分，藉此度過環境較惡劣的生長期。這兩者也是蕨類植物「反求諸己」生存本領的代表。

趕搭便車型

鐵角蕨科的巢蕨類算是演化得非常成功的一群蕨類植物，它們半空攔截的絕技幾乎到了滴水不漏的地步，因此隨著植株的成長，基部的腐植質越積越多，相對地也創造出其他蕨類生存的機會，像是許多著生型的書帶蕨科和其他鐵角蕨科植物都常著生其上，成為它的座上客，分享它的生存資源。

在具有熱帶氣息的亞熱帶山谷潮濕之處，成熟闊葉林內常可看到台灣巢蕨的基部長著下垂的垂葉書帶蕨和大黑柄鐵角蕨，運氣夠好的話，還可以看到少見的帶狀瓶爾小草混雜在垂葉書帶蕨之中。

油光粉面型

骨碎補科和石葦屬、粉背蕨類的生存環境很相近，都是生長在岩石環境或是較乾旱地區的樹幹上，但它們的求生之道卻不是「變臉法」，仔細觀察骨碎補科的葉子上下兩面的色差並不大，但葉子顯得較厚、硬且光亮，這是因為它們的葉表鋪著一層角質層，一方面可以反射太陽光，另一方面還可以減緩水分的蒸發散，因此趣稱為「油光粉面型」求生法，亞熱帶地區常見的伏石蕨也具有類似的特徵。

●具有狹長孢子葉與短胖營養葉的伏石蕨，其質地近似多肉植物，平時即貯存大量水分。

●在低海拔山谷地區的成熟闊葉林，常見著生樹上的巢蕨類基部生長著大黑柄鐵角蕨及垂葉書帶蕨。

●骨碎補科的鱗葉陰石蕨偶見於山谷地區之岩石上，葉質地厚，葉表光滑。

相遇篇

蕨類在哪裡？
循著綠色的問號放眼尋找
蕨類幾乎無所不在！
從海邊，到高山；
從水中，到陸地，
不同環境有不同的蕨類。
掌握生長習性與生態環境的關聯性，
賞蕨的最佳嚮導就是你！

蕨類在哪裡？

蕨類在哪裡？其實，除了大海裡、深水底層、寸草不生的沙漠和經常性冰封的陸地之外，蕨類幾乎無所不在。除因地質史而造成不同地區有不同種類的蕨類外，同一地區蕨類植物的種類、數量其實也與棲地條件息息相關，不同棲地環境的蕨類植物，分別發展出不同的生存機制，或不同的形態構造來適應環境。認識它們的生長習性與環境，可說是進行觀察的第一步。

蕨類在水中

海洋中沒有蕨類，因此，一般所謂的「水生蕨類」是泛指生長在陸域環境中的池塘、溪流或濕地的蕨類，如滿江紅、槐葉蘋、水韭、田字草、水蕨、分株紫萁、鹵蕨、毛蕨等；也有人將某些能夠生長在水域附近的陸生蕨類，如：過溝菜蕨、星毛蕨、木賊等，也包含在廣義的水生蕨類範圍內。水生蕨類依其生長習性，主要可以分成漂浮與著土兩大類型，而著土型又可分為浮葉型、沉水型、挺水型與濕地型四種。另外，比較特殊的是溪生型蕨類，常見長在溪流的岩石上或岩縫中。

漂浮型

是指漂浮於水面，但根部不著土的水生蕨類，全世界的蕨類只有滿江紅與槐葉蘋屬於此型。它們終其一生都隨水漂浮，其最常見的繁殖方式稱為「裂殖」，即植物體不斷地分支，也不斷地斷裂，所產生的新個體最後將布滿某一處水域，這也是滿江紅與槐葉蘋經常會成群出現的原因。

裂殖是許多水生植物最有效率的繁殖方式，因為它們隨水漂流，往往不知最後將身歸何處，加上淺水環境較不穩定，容易乾涸，裂殖可以在短時間內大量製造下一代。

槐葉蘋

台灣水韭

浮葉型

意指植物根、莖著土，葉柄浸在水中，但葉片漂浮在水面上。在蕨類植物中是專指田字草類植物的一種生長習性，其地下莖長且橫走，長在水域環境的底部泥地，葉子具有長柄，柄端為一與葉柄垂直之「田」字形葉片，由四片小葉所組成，葉片經常漂浮於水面，與開花植物睡蓮的葉子有異曲同工之處。

浮葉型與漂浮型兩者乍看容易混淆，但前者僅葉片漂浮，而後者卻是整個植物體浮水。

沉水型

台灣真正屬於沉水型的蕨類應只有台灣水韭一種，在大部分的生長季節裡，它都潛沉在淺水域的泥底，最多僅葉尖露出水面。水蕨與田字草有時也會見到沉水型的植株。偶爾，台灣水韭也會表現得像濕地型植物，全株暴露在空氣中。由此可見，淺水域是一種變化多端的環境，能夠生活在這種環境中的植物，其實都是長期演化、適應後的結果。

挺水型

嚴格地說，台灣的蕨類植物僅水蕨屬於挺水型，其根、莖與部分葉柄經常性浸泡於水中，與開花植物的荷花生長習性頗為近似。不過，在國外也有少數種類的木賊會有挺水的習性，其地下莖及部分地上莖經常被水淹蓋，與蘆葦的生長方式相同。

田字草

水蕨

53

濕地型

　　有少部分的蕨類，雖然其莖與根等部位需長時間生長在潮濕的土壤裡，但植物體卻無法長久浸泡水中，所以這些蕨類比較容易在水域邊緣被發現，但卻無法生存於其他的陸地環境。在水陸環境區隔愈來愈顯著的今天，濕地型蕨類的生存空間益形縮小，像是鹵蕨、分株紫萁和毛蕨就是最好的例子。

●分株紫萁是中海拔沼澤濕地植物，數量極為稀少。

溪生型蕨類

　　溪生型蕨類是一群很特殊的植物，它們只出現在熱帶至暖溫帶地區山地森林內的溪流環境，生長在溪岸或是常被溪水衝擊的岩石上。由於溪生型蕨類是生長在水流速度較快的水域之中，因此除了耐濕、耐淹等一般水生植物所具備的特性外，還必須適應水流對植株所產生的衝擊，因此這些生活在水線附近的蕨類，植株通常較小，貼伏在水面岩石上，或是葉呈線形或撕裂成具有許多線形裂片的複葉，例如：日本鱗始蕨、三叉葉星蕨，及一特殊生態型的烏蕨。溪生型蕨類主要是靠水流進行傳播，會隨著溪流四處散布繁衍。

●日本鱗始蕨是典型的溪生型蕨類，葉小型，常順著水流的方向貼伏在溪床岩石上生長。

蕨類在陸地

　　雖然從二億多年前起，蕨類不再是陸地森林的主角，但它們卻十分努力地發展各種不同的生存機制，並積極爭取主流森林架構下的各種剩餘空間，例如：樹枝、樹幹、林下岩石、第二喬木層、灌木層及地被層等；有時也發展到森林外的各種環境，例如：箭竹草原、草生地、溪溝邊，或是碎石坡、道路邊坡等；有的種類甚至如雜草般全然適應了人類居住、開墾的環境。但不論森林內或森林外，陸生蕨類的生長方式不外乎：地生型、藤本型、著生型與岩生型四大類。

地生型

　　根與莖均貼近地表生長，

●具有挺空直立莖的樹蕨類，一般被認為是屬於比較原始的地生型蕨類。

莖通常不顯著，將近百分之九十的蕨類都屬於此型，例如：常見的粗毛鱗蓋蕨就是典型的地生型蕨類。一般學者都認為，生活在森林地被層的地生型蕨類比較原始，而藤本、著生、岩生與林外的地生型則是後來才發展出來的生長方式。

比較特殊的地生型蕨類，其一是具有挺空直立莖的樹蕨類，一般都認為樹蕨類是比較原始的地生型蕨類，種類不多，桫欏科是其代表。

另一群比較特殊的地生型蕨類則呈現蔓叢狀生長的形態，主要是由於地下莖或匍匐莖快速生長的結果。由於蔓叢狀的蕨類並不特別集中在某一科，而是零星出現在數個科，例如：碗蕨科的刺柄碗蕨及裡白科的芒萁、裡白等；而且這些蕨類都生長在開闊地，顯示它們是在演化時各自因應環境發展的結果。

●裡白是中海拔產業道路邊坡的常見植物，常成群出現。

●碗蕨科的粗毛鱗蓋蕨是低海拔常見蕨類，生長在開闊地或森林邊緣。

藤本型

藤本型的蕨類植物其實是異質性很高的一群，有的是莖像藤子，有的葉像藤子，前者如木賊葉石松、蘿蔓藤蕨、藤蕨等，後者如海金沙。藤本型的蕨類通常都與熱帶森林環境有關，有人認為它們是由熱帶森林地被層的蕨類演變而來，可能由於地被層植物種類眾多，物種及個體之間競爭激烈，加上雨林地被層養分及陽光取得不易，而森林地被層以上的空間雖然條件也不佳，但仍不失為一處可供發展的地方，所以藤本型的蕨類可說是由地生型轉變為著生型的中間階段。

許多莖呈藤本的蕨類，小時候都是地生型，待植株逐漸成熟，再順著樹幹攀爬而上，有時形成纏繞的生長態勢。植株成熟後，常會與地被層的部分脫離關係，而留在樹幹上的部分則形成著生的狀態。這種由藤本型轉變而成的著生植物，則稱為半著生植物。

●木賊葉石松屬於藤本型蕨類，具有懸空的直立莖及下垂的末梢。

●海金沙的葉軸可無限生長，常攀爬在林緣。

著生型

這是指專業著生的一群蕨類植物，植株從小到大都生長在樹幹上或岩石上，而後者又特稱為岩生型植物。由

●巢蕨長得像鳥巢一般，可承接雨水及空中掉落的有機物質。

●連珠蕨僅分布在恆春半島一帶，常見其環繞樹幹，以截取水分及養分。

●長生鐵角蕨常見長在林下樹幹或岩石上，有時會形成「走蕨」狀。

●亨氏擬旱蕨在中海拔地區常被當作岩石環境的指標植物，遇乾旱時葉片會由下而上反捲，皺縮成一團。

於這些蕨類都具有特殊的生存機制以適應較惡劣的環境，因此大家公認廣義的著生蕨類是較進化的一群。

闊葉森林具有不同的層次分化，由上而下依次為：較鬱閉的林冠層，較稀疏的第二喬木層，最後則是灌木層與地被層，而後兩者的鬱閉程度會依不同的森林型而有所不同。由於森林各層次的光照、濕度都不相同，某些蕨類能夠適應較高位的森林層次，例如：巢蕨、崖薑蕨、連珠蕨、垂葉書帶蕨、帶狀瓶爾小草等，稱為高位著生蕨類；有些則較能適應低位的著生環境，如：大蓬萊鐵角蕨、長生鐵角蕨、劍葉鐵角蕨等，稱為低位著生蕨類。

岩生型

指專門著生在岩石上的蕨類植物。車前蕨屬是在森林環境的林下岩石上，最具代表性的岩生型蕨類；岩蕨則是森林外岩生型蕨類的代表

●台灣車前蕨是典型低海拔潮濕環境的岩生型蕨類

。所謂的岩生型蕨類有專職與非專職之分，車前蕨屬與岩蕨都是專職的岩生型蕨類，而有的蕨類則對其生育地的環境要求沒有那麼嚴格，像是林下某些低位著生的蕨類也會生長在岩石上，這是因為林下低位處（如樹幹基部）與岩石的水分、濕度、日照及土壤分化程度相差不大之故。

●岩蕨是高海拔針葉林附近空曠地的岩生植物

暖溫帶闊葉林的蕨類

陸生蕨類的天堂

前兩頁所呈現的場景是宜蘭縣的神祕湖及湖畔的暖溫帶闊葉林，海拔大約一千公尺左右，剛好是該縣雲霧帶的下緣，不僅雲霧發達，地面也時時散發著濃重的濕氣，這樣的環境正適合各種蕨類的生長，包括地生型、藤本型、著生型與岩生型，可說是陸生蕨類的天堂。

樹幹上我們可以看到阿里山水龍骨、海州骨碎補、福氏馬尾杉及巢蕨；林內的朽木及樹幹基部可見盧山石葦、書帶蕨及叢葉鐵角蕨；岩石上有倒卵葉車前蕨、劍葉鐵角蕨；林下地被則幾為蕨類所覆蓋，種類有魚鱗蕨、瘤足蕨、台灣鱗毛蕨、廣葉鋸齒雙蓋蕨等；林緣有不少台灣桫欏，可能也可以找到狀似木質藤本植物的木賊葉石松；林緣溪溝邊有成群出現的瓦氏鳳尾蕨；而神祕湖畔濕地則是毛蕨最愛的棲息地，類似的環境偶爾亦可發現分株紫萁。

❶ 魚鱗蕨	❻ 瘤足蕨	⓫ 書帶蕨	⑯ 毛蕨
❷ 海州骨碎補	❼ 福氏馬尾杉	⑫ 叢葉鐵角蕨	⑰ 分株紫萁
❸ 巢蕨	❽ 瓦氏鳳尾蕨	⑬ 劍葉鐵角蕨	⑱ 阿里山水龍骨
❹ 木賊葉石松	❾ 廣葉鋸齒雙蓋蕨	⑭ 倒卵葉車前蕨	⑲ 巢蕨
❺ 台灣桫欏	❿ 台灣鱗毛蕨	⑮ 盧山石葦	

蕨類在台灣

不論是從演化歧異度、物種歧異度或是種類的豐富性等角度去評估，台灣都可稱得上是蕨類的天堂。除了海洋及其他水域深處外，台灣的蕨類已經是我們生活的一部分，甚至熟悉到視而不見的地步。為什麼台灣會有這麼豐富的蕨類資源呢？擁有優越的環境條件是最主要的原因。

豐富的蕨類資源

全世界的蕨類約有一萬二千種，台灣區區三萬六千平方公里的土地上即超過六百種，占全世界百分之五的種類。

和高緯度地區相比：全歐洲約一百五十種，俄羅斯約一百六十種，北美洲（含美國與加拿大）約四百種；與同經度地區相比：日本約七百種，韓國約二百種，中國大陸約二千種，菲律賓與婆羅洲各約一千種，馬來半島約五百種，澳洲則大約有四百五十種左右。再思考其種數與面積的比例關係可發現，以台灣如此狹小的面積卻擁有如此多的蕨種，密度之高，真不愧「蕨類王國」的美稱。

此外，蕨類共分成四十科，台灣的種類就占了三十五科，除少數五個較原始薄囊蕨的科外，台灣幾乎囊括全世界所有擬蕨類、厚囊蕨類及薄囊蕨類各科，這一點顯示出台灣的蕨類在演化歧異度上的多樣性，可說是研究蕨類的最佳天然教室。

優越的環境條件

台灣蕨類的多樣性與豐富性主要是由於優越的環境條件所致，例如：年輕的地質史所造成的擠壓式山脈，導致多樣化的蕨類棲息空間；台灣是北回歸線所經地區少數會發展出翠綠森林的地方，而森林使得台灣的蕨類有更多的發展機會；台灣的山夠高，加上其地理位置，使得台灣的高山擁有北極圈以南的寒、溫帶環境及其有關的蕨類；熱帶的環境由南而北進入台灣後，在台灣的北端逐漸消失，所以台灣也有可能生長熱帶性的蕨類；在過去兩百萬年冰河期，台灣與大陸數次相連，所以一些古老的種源得以進入台灣；台灣高山林立，各山區的蕨類互相隔離的可能性大增，加上台灣海峽的隔離機制，因此演化出獨立種類的機率也因而增加。

地區	面積（$10^4 km^2$）	蕨類種數	蕨類種密度（sp.no./$10^4 km^2$）
歐洲	1000	150	0.15
俄羅斯	1707.5	159	0.09
北美洲	1900	394	0.2
日本	36.8	696	18.9
韓國	22	224	10.2
中國大陸	960	2000	2.1
台灣	3.6	627	174.2
菲律賓	30	943	31.4
馬來半島	13.5	500	37.0
婆羅洲	28.7	1000	34.8
澳洲	700	450	0.64

看蕨類去！

台灣的低海拔有海岸環境、南部的熱帶森林與北部的亞熱帶森林；中海拔有暖溫帶的闊葉林與涼溫帶的針闊葉混生林；高海拔則有冷溫帶與亞寒帶的針葉林，以及高山寒原環境。整體來說，台灣蕨類的分布與台灣生態環境單位的分布大致吻合。以下即由低海拔到高海拔，依序介紹台灣各生態單位的代表性蕨類。

●涼溫帶針闊葉混生林：海拔1800至2500公尺的涼溫帶是針葉林與闊葉林的生態交會帶，也是雲霧發達地區，樹幹上可見著生型的膜蕨科、禾葉蕨科植物為其特色。

●高山寒原：位於海拔3500公尺以上地區，此處沒有高大的森林，只見灌木叢及碎石坡，是一個缺水、土壤化育極差的環境。約有二十種蕨類生長於此。

●熱帶森林：南部海拔200公尺以下地區是季節性的熱帶森林，優勢的樹種不顯著，三叉蕨屬的擬肋毛蕨類是其指標；而低海拔溪谷地由南至北皆零碎分布著小片狀熱帶雨林，著生型的帶狀瓶爾小草是其指標。台灣約有五分之一的蕨類種類分布於熱帶的生態環境單位。

高山寒原

亞寒帶針葉林

冷溫帶針葉林

涼溫帶針闊葉混生林

暖溫帶闊葉林

亞熱帶闊葉林

熱帶季雨林

南

●亞寒帶針葉林：分布於海拔3000至3500公尺之間，森林由台灣冷杉單一樹種所組成，林下有高達三公尺的玉山箭竹，氣候較高山寒原陰冷，蕨類種類也較少。

●暖溫帶闊葉林：海拔（500～）1000公尺至2000（～2500）公尺左右的暖溫帶闊葉林是台灣蕨類的重鎮，約有五分之二的種類分布於此，地生型及著生型種類極多。

●冷溫帶針葉林：分布在海拔2500至3000公尺，以鐵杉林為主要之林相，林下可見比人高的玉山箭竹，此海拔高度偶可見高山溪流，比起更高海拔的亞寒帶針葉林，蕨類種類較多。

●亞熱帶闊葉林：以樟樹及楠木為主的亞熱帶森林，分布在北部海拔500公尺以下地區，及南部海拔200至700公尺一帶，筆筒樹是其中最具代表性的植物。

●海岸環境：由於海邊岩縫陰暗處的滲水及累積較多有機物與礦物質，因此海邊蕨類主要都集中在岩岸環境，例如全緣貫眾蕨及傅氏鳳尾蕨即為其中代表。

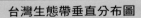

台灣生態帶垂直分布圖

北

低海拔地區的蕨類

從平地到海拔五百公尺左右的台灣低海拔地區，經過三、四百年的開發，已經看不到原始森林，所見之殘留林皆為次生林，人工造林地面積也不小，這些地區都還可發現不少種類的蕨類植物，不過數量最多的地方應該是在某些開發不易的微地形環境，例如山溝谷地等。台灣的地形是環境開發的限制因子，但或許也因為地形的關係，台灣低海拔的許多蕨類雖然數量變少了，但種類仍得以保存。

●岩岸環境的蕨類

●海岸擬茀蕨是典型的海岸植物，常見其長在岩縫或岩石上。

海岸環境與大河出海口

台灣的臨海珊瑚礁及沙灘基本上並沒有蕨類，海岸的蕨類主要出現在離岸珊瑚礁、岩岸以及海岸林之中。珊瑚礁的代表種為海岸擬茀蕨；岩岸的代表種類較多，如：闊片烏蕨、傅氏鳳尾蕨、全緣貫眾等；海岸林則偶爾可見三叉蕨，例如墾丁香蕉灣及台北的芝山岩都可發現。這些海岸環境的蕨類通常極耐乾旱與鹽沫，葉多呈厚革質，質地堅硬，根系多在岩縫中發展。

大河出海口的溪口環境則較少為人所注意，因為這些地方在台灣早期的開發過程中幾乎已被摧毀殆盡。鹵蕨

全緣貫眾

闊片烏蕨

傅氏鳳尾蕨

熱帶季雨林

是河口環境的代表性蕨類，十九世紀中葉至末葉，英國人曾發現鹵蕨生長在淡水河口一帶，不過目前此環境已無鹵蕨芳蹤。

●鹵蕨是河口附近小溪邊的指標植物，數量稀少。

熱帶季雨林與熱帶雨林

由於北回歸線橫貫台灣，所以南部地區屬於熱帶的氣候，雖然其全年的降雨量不輸東南亞熱帶雨林地區，不過南部地區冬季約有四至六個月的旱季，雨量集中在夏天的颱風季節，所以只能算是季節性下雨的熱帶森林，或稱為熱帶季雨林，大約分布在南部海拔二百公尺以下地區。不過拜台灣地形起伏之賜，有些山谷地帶擁有較潮濕類似熱帶雨林的環境，此一現象向北延伸至台灣北部，並在南部地區擴散至鄰近之熱帶季雨林。在墾丁一帶，由於小山丘是由隆起的珊瑚礁所形成，其蕨類的組成即與蘭嶼和其他南部地區有所區別。

台灣屬於熱帶性的蕨類至少有一百種以上，大部分集中在南部地區，如：澤瀉蕨、突齒蕨、大刺蕨、紅柄實蕨等，合囊蕨和蘭嶼桫欏等則侷限在東南方的蘭嶼；不過也有一些種類向北進入北部地區的溪谷地，例如：帶狀瓶爾小草及一些位於低海拔溝谷地區的熱帶膜蕨科蕨類，如菲律賓厚葉蕨及線片長筒蕨等。

●分布於熱帶地區的澤瀉蕨，在台灣屬於稀有蕨類，僅在西南部有零星發現。

蘭嶼的蕨類

　　政治上蘭嶼屬於台灣的管轄範圍，然而從生物的角度，蘭嶼是較接近菲律賓的一個島嶼，森林屬於熱帶季雨林，局部地區具有熱帶雨林的條件。由組成的樹種觀察，其森林與台灣南部的森林大異其趣，蕨類植物也展現同樣的趨勢，像是蘭嶼桫欏與蘭嶼觀音座蓮屬於林下較大型的蕨類，相同的生態位置在台灣本島則是台灣桫欏與觀音座蓮；而蘭嶼森林下層常見的蘭嶼圓腺蕨，其充滿異國風味的外觀頗令人印象深刻，而在台灣同樣的生態位置則多見台灣圓腺蕨。

●長在森林下層的蘭嶼桫欏，恍如小型的台灣桫欏，可見較稀疏的樹裙。

高位珊瑚礁的蕨類

　　高位珊瑚礁岩是墾丁地區極為特殊的生態環境，是數萬年前由海底隆升形成，迄今礁岩上已滿布森林，尤以柿樹科的植物如毛柿、黃心柿為其特色，而氣生根、樹纏石及支柱根的現象更是顯著，如今已成為該地區的代表性景觀。由於這種環境的基質主要是尚未化育的石灰岩，保水力較弱，土壤、水分都極缺乏，但仍有一些較耐旱的石灰岩蕨類生長期間，如薄葉三叉蕨、鞭葉鐵線蕨、馬來鐵線蕨、高雄卷柏等，有時也會發現來自海岸珊瑚礁的海岸擬茀蕨。

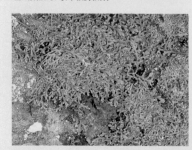

●高雄卷柏常生長在林下遮蔭處的高位珊瑚礁

亞熱帶闊葉林

　　亞熱帶闊葉森林分布在台灣北部海拔五百公尺以下或南部海拔七百公尺以下地區，下緣與海岸及熱帶植被銜接。這種森林主要的喬木為樟樹及楠木，在世界上主要以台灣為分布中心，但由於人為開墾及採伐樟樹歷史悠久，原始森林已不復存在，最常見的則是相思樹人工林，以及破壞後天然生成的次生林，局部地區可以看到筆筒樹林，此外，亦有不少草生地。

　　亞熱帶闊葉林是十分適合蕨類生長的環境，台灣百分之三十左右的蕨類分布於此，它不像雨林那麼悶熱、季雨林如此乾濕分明，也沒有高海拔地區的寒冷，可說是蕨類生命力最旺盛的地方，

●台灣巢蕨是亞熱帶成熟闊葉林的指標植物，與台灣其他巢蕨相較，葉背之中脈具稜脊是它最明顯特徵。

只要是有土有水的環境，幾乎隨時都可以看到它們新長出來的個體。這裡具代表的蕨類有：異葉卷柏、小葉複葉耳蕨、南海鱗毛蕨和鬼桫欏等，而著生型的台灣巢蕨及崖薑蕨也頗具特色。

●南海鱗毛蕨是低海拔岩石環境的指標植物

平野沼澤濕地的蕨類

台灣低海拔平原地區，在過往或多或少都有沼澤濕地，例如：台北盆地、蘭陽平原、大高雄地區，甚至廣大的嘉南平原，這些沼澤濕地是許多水生蕨類，如槐葉蘋、滿江紅、水蕨、毛蕨、田字草等的原鄉。不過平野地區可說是台灣百年來發展最快速的地方，許多地區都已經都市化，這些在半世紀之前都還很常見的蕨類，及至今日，大部分都變得非常稀有。

●毛蕨是中、低海拔沼澤濕地的指標植物，不過近年來已很少見。

筆筒樹林

筆筒樹雖然也分布在琉球、中國大陸及菲律賓，但全世界數量最多的是在台灣的北部地區，主要分布在向陽但潮濕的山坡地，受東北季風影響的多雨山地，筆筒樹常成林出現，其意義可與樟樹互相呼應，也是北台灣非常具有代表性的一種地理景觀。

中海拔地區的蕨類

●台灣鱗毛蕨是暖溫帶樟殼林下最常見的蕨類，因此具有指標性。

海拔一千至二千公尺左右是屬於台灣的中海拔地區，由於台灣地形的複雜性，在局部地區可上升至二千五百公尺或下降至五百公尺，其主要的森林概為樟科及殼斗科的林木所盤據，全台百分之四十左右的蕨類分布於此；而於海拔約一千八百至二千五百公尺的部分地區則為涼溫帶針闊葉混生林，呈現檜木與樟殼林混雜出現的情況，這種混生林是非常獨特的生態環境，也有不少蕨類生活其中。此外，局部出現的山地池沼和松林，也有一些蕨類選擇在這兩類環境棲息。

暖溫帶闊葉林

海拔一千八百公尺以下的地區，森林的表相皆為闊葉林，包括低海拔的亞熱帶闊葉林，全台約有三分之二的蕨類都分布於闊葉林帶，著生的大型蕨類是闊葉林的特徵之一。由於闊葉林不像檜木林具有幾近百分之百的空氣濕度，其著生蕨類通常葉子都較厚，或具有蠟質，與檜木林膜蕨科的薄葉子、小葉子大異其趣。暖溫帶闊葉林（也就是前述的樟殼林）以著生型的巢蕨與地生型的台灣鱗毛蕨為指標。

●巢蕨是暖溫帶闊葉林最具代表性的著生植物，其葉片較台灣巢蕨硬挺。

●暖溫帶闊葉林

涼溫帶針闊葉混生林

台灣高海拔地區主要是以針葉林為主,而中、低海拔地區則以闊葉林為主,這兩類森林的交會帶大約是在海拔一千八百至二千五百公尺之間,稱為針闊葉混生林,其森林的實質內涵其實也是闊葉林,只是表相是檜木林而已。此一範圍通常也是降水最豐富的地區,因此多雲霧,是檜木最喜歡的環境,也是接近較高海拔地區蕨類最多的地方,約有八十五種蕨類分布於此,瘤足蕨科大部分的種類都生長於檜木林下的地被層。另外,更由於空氣濕度較高,樹幹上常長滿苔蘚植物,所以有時候又稱為苔林,有一些膜蕨科的植物就經常混雜其間,其中

●瘤足蕨科植物是針闊葉混生林的指標植物,尤其是數量龐大的台灣瘤足蕨。

最常見的就是細葉蕗蕨。

●細葉蕗蕨是苔林中最常見的著生型蕨類,常濕生於苔蘚中。

●涼溫帶針闊葉混生林

山地池沼的蕨類

　　海拔二千公尺左右的地區是台灣雲霧的盛行帶，加上年輕地質史所導致的高聳擠壓地形，所以在檜木林帶山窪積水處常出現山地池沼，這裡常可發現鮮綠的泥炭苔以及由泥炭苔所形成的泥炭土。由於山地池沼出現在脊梁山脈較高海拔的地方，所以幾乎都隱沒於林海之中不易被發現。也由於這種環境多呈零星分布，所以各地的水生植物都會略有不同，宜蘭的草埤即為一例，分株紫萁發現於該地；陽明山國家公園的夢幻湖，也應是此一形態的山地池沼之一，代表種即為台灣水韭。

●稀有蕨類分株紫萁生長在屬於山地池沼的宜蘭草埤

松林的蕨類

　　在中海拔的局部地區，由於地形陡峭，土壤淺薄，加上一年之中有數個月份氣候乾燥，因此經常會出現松林，例如大甲溪流域谷關至梨山段與新中橫一帶即松林集中之處，台灣二葉松則是最主要的種類。松林在發育的過程中，隨著森林的年齡增長，樹木會越來越少，因此通風良好，使松林經常保持乾旱的狀態；加上松葉隨時脫落，常在松林下堆積一堆松針，松針內所含的松脂極易引起森林大火。此處最具代表性的蕨類即為巒大蕨，全身長滿綿毛，可降低蒸散速率以適應乾旱環境，加上深埋地底的地下莖，得以不受地表火的傷害。

高海拔地區的蕨類

台灣高海拔地區由於地勢高聳，其保水力、土壤化育程度、空氣濕度都很低，能生存在此的蕨類不到台灣蕨類的百分之十，然而其種類及外形都與中、低海拔的蕨類大異其趣，其分布與高海拔地區的三種主要生態環境有關，即冷溫帶針葉林、亞寒帶針葉林及高山寒原。

高海拔地區的森林概為針葉林，台灣針葉林的分布海拔約在二千至三千五百公尺之間，其中二千至二千五百公尺的範圍與闊葉林混交。基本上，針葉林的結構與闊葉林非常不同，它只有兩個層次，即喬木層與地被層，沒有木質藤本植物，也沒有著生的蕨類植物，檜木林的苔林現象是特殊的例外；

●高山金粉蕨常見長在針葉林下箭竹叢中潮濕多腐植質之處

台灣針葉林的最大特色是地被層為箭竹，高可達三公尺，檜木林的箭竹較不顯著，因有其他闊葉灌木混生的緣故，所以生活在高海拔針葉林的蕨類，除了高山的環境條件之外，同時也必須適應箭竹下的特殊環境，例如：寬葉冷蕨、高山金粉蕨都是針葉林箭竹下的常客。

冷溫帶針葉林

鐵杉林是台灣冷溫帶針葉林的代表，在海拔二千五百至三千公尺的高山地區，尤其是稜脊及山坡附近，多可見到。該樹種在全世界僅分布於台灣及中國大陸中部偏西南一帶，所以鐵杉林亦僅見於這兩處。由於海拔較低，氣溫、土壤條件及其他植物生長要件都顯得比高山寒原及亞寒帶針葉林為佳。值得一提的是，台灣三千公尺以上地區不易覓得水源，但鐵杉林帶看見水源的機率就大為增加，因此蕨類種類也比較多，約有三十五種，例如：瓦氏鱗毛蕨即是此生態帶很常見的蕨類。

●瓦氏鱗毛蕨具有環狀叢生的一輪綠葉及一輪平貼的枯葉

●冷溫帶針葉林

亞寒帶針葉林

海拔三千至三千五百公尺的冷杉林，可說是北極圈附近亞寒帶北方針葉林在台灣的代表。冷杉林由於位在高山寒原的下方，加上山稜起伏，白天受到陽光照射的時間非常少，常僅在正午前後時刻可以獲得溫暖的陽光，所以一般而言，冷杉林環境的氣溫通常都比高山寒原要

●寬葉冷蕨是冷杉林下較常見的蕨類，常隱藏在箭竹叢下。

箭竹草原的蕨類

台灣高山的其中一項特色就是：冷杉林及鐵杉林下布滿箭竹，這是世界上其他地區不容易看到的現象。這些森林如果遭遇大火，因為大樹不像箭竹具有地下莖，所以在大火過後通常無法生存，而箭竹的地下莖因有地表保護，得以不受大火傷害，最後就在原是森林的地方形成箭竹草原。

台灣從海拔二千五百至三千五百公尺的範圍內，在某些地區，箭竹草原是最主要的地理景觀，有些蕨類就經常出現在這種環境，尤其是石松科的植物，如：假石松、地刷子，而在三千公尺以上的箭竹草原還可看到同科的其他種，如：玉柏、玉山地刷子等。

●玉柏是箭竹草原的常客，其地下莖深埋地下，只露出直立的地上莖。

高山寒原

下降許多，蕨類的種類也相對的比高山寒原少了很多，約僅五到八種之間，寬葉冷蕨是其中的代表，或許是少競爭對手，常見其成群出現。

高山寒原

台灣是一個高山之島，最高峰達三千九百五十二公尺，更有百餘座高山達三千公尺以上。台灣的森林由低海拔至高海拔可自然分布至三千五百至三千六百公尺，超出這個界限的高山地區，森林就消失了，只見密集或零星的灌木叢以及碎石坡，這種環境即稱為高山寒原。

●扇羽陰地蕨較常被發現生長在高山寒原灌叢下

由於地形陡峭，水土保持不容易，所以生長於此的蕨類其根莖大多隱藏於碎石坡岩縫中，冬天下雪時地表的

葉子常枯萎凋落，春天時再冒出新葉。

大約有二十種蕨類長在這裡，例如：珠蕨屬、扇羽陰地蕨、小杉蘭等。

●高山珠蕨是高山寒原灌叢下的蕨類，其孢子葉較直立，而營養葉較開展。

73

居家附近的蕨類

　　有不少種蕨類其實蠻能適應人類所建構出來的都市環境，例如：圍牆上的裂縫、排水溝邊、庭園中大樹的樹幹上等，都是都市蕨類的好去處，最具代表性的種類莫如鳳尾蕨，因為它只出現在人類居住的環境，很少出現在山野之中。另外，鱗蓋鳳尾蕨與毛葉腎蕨也是都市圍牆上的常見蕨類，水溝邊則偶爾會發現鐵線蕨。

●鱗蓋鳳尾蕨是都市中壁面裂縫的常見植物

●鳳尾蕨就像貓、狗一般，只出現在人類居住的空間。

不按牌理出牌的蕨類

　　由蕨類在台灣的分布狀況大致可以看出，屬於森林的蕨類，不論是那類生長型，如地生、藤本或著生，一般都依附在隨著海拔呈現梯度變化的各種森林之中。

　　但台灣也有一些蕨類並不依此牌理出牌，例如石灰岩生蕨類植物，這些植物大都出現在花蓮附近，其海拔高度之分布範圍可由臨海地區至三千多公尺，例如：地耳蕨、擬日本卷柏、城戶氏鳳尾蕨、銀杏葉鐵角蕨等都是屬於此類的植物。

　　有時雜草類的蕨類植物也不依循生態帶的原則分布，例如假蹄蓋蕨，在低海拔地區的校園、公園綠地頗為常見，但也經常出現在海拔二千公尺左右的人類開墾跡地。在較高海拔地區的路邊或墾地常會發現較低海拔的雜草性蕨類植物，很可能是由於開發之後受日照的影響，環境有某些程度較類似低海拔地區之故。

●屬於石灰岩植物的地耳蕨，零星分布在中、低海拔含石灰質成分的岩石地區。

●假蹄蓋蕨是庭園中的常見雜草，其外形變化頗大。

推薦賞蕨地點

由於蘭嶼與台灣的蕨類起源大為不同，有許多種熱帶性的蕨類都僅分布於蘭嶼，因此蘭嶼是一處賞蕨的重點；而金門與馬祖的蕨類雖少，但都具有一些出現在中國大陸但不出現在台灣的蕨類，如黑足鱗毛蕨及圓蓋陰石蕨。整體而言，台灣本島的蕨類都是依海拔高度呈現變化，在中、高海拔地區，台灣東、西、南、北各地的蕨類差異較小，但在低海拔地區，北部與南部的蕨類就差異頗大，東部則因為有石灰岩出現，所以種類也會有所不同。以下是台灣賞蕨去處的分區推薦。

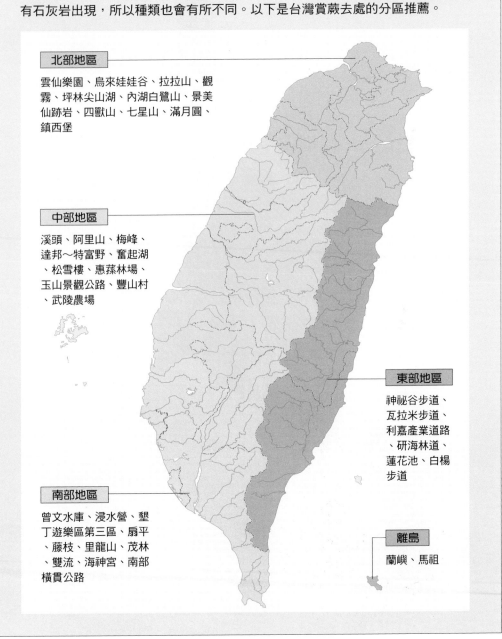

北部地區

雲仙樂園、烏來娃娃谷、拉拉山、觀霧、坪林尖山湖、內湖白鷺山、景美仙跡岩、四獸山、七星山、滿月圓、鎮西堡

中部地區

溪頭、阿里山、梅峰、達邦～特富野、奮起湖、松雪樓、惠蓀林場、玉山景觀公路、豐山村、武陵農場

東部地區

神祕谷步道、瓦拉米步道、利嘉產業道路、研海林道、蓮花池、白楊步道

南部地區

曾文水庫、浸水營、墾丁遊樂區第三區、扇平、藤枝、里龍山、茂林、雙流、海神宮、南部橫貫公路

離島

蘭嶼、馬祖

方法篇

沒有鮮豔的花朵，
沒有甜蜜的果實，
以綠色為族群主調的蕨類
靠什麼來分辨彼此呢？
孢子囊的大小、孢子囊群的形狀與位置、
孢膜的真假有無、葉脈的形狀……
細微的特徵裡隱藏著演化分群的祕密，
開啟蕨類辨識之門的鑰匙
就在這裡！

蕨類植物科檢索表

植物群演化的優先順序上，再配合容易觀察到的形態與生態特徵加以分群。根據演化的先後，蕨類植物大致可分成擬蕨、厚囊蕨、原始薄囊蕨與較進化之薄囊蕨四大類；而將薄囊蕨中的水生蕨類集中處理，則是基於棲息環境的相似性，而非演化上的關聯。此外，檢索表中的原始薄囊蕨類指的是近代薄囊蕨類較早出現在地球上的一群，由於各科各具獨特之特徵，與今天占大多數之其他較進化薄囊蕨類極為不同，建議讀者檢索至陸生薄囊蕨類時，可先行查閱表四各圖，如有需要，再進行往後的檢索動作。

台灣蕨類植物科檢索表

①葉通常小型，僅具一中脈或無脈，孢子囊著生葉腋，有時聚成孢子囊穗——擬蕨類 → 表一

②孢子囊小型，或具孢子囊果；植物體革質、紙質、草質或膜質，絕不具托葉；陸生或水生植物——薄囊蕨類

③陸生薄囊蕨類

③水生薄囊蕨類

①葉大型，葉脈多條、分叉，孢子囊著生在葉背或側緣，常形成孢子囊群，或孢子囊位於孢子囊果中，絕不形成孢子囊穗——真蕨類

②孢子囊大型，肉眼可見；植物體肉質狀（根尤其顯著），具革質或膜質鞘狀托葉；概為陸生植物——厚囊蕨類 → 表二

④原始
薄囊蕨類　　　表四

　　　　　　　　　　　　⑥孢子囊呈
　　　　　　　　　　　　散沙狀密布
　　　　　　　　　　　　於葉背　　　　表五

　　　　　　　　　　　　⑥葉為長線
　　　　　　　　　　　　形之單葉，
　　　　　　　　　　　　孢子囊群與
⑤孢子囊群　　　　　　　葉軸平行，
不具孢膜　　　　　　　　位於葉背近　　表六
　　　　　　　　　　　　葉緣處或葉
　　　　　　　　　　　　之正側緣，
　　　　　　　　　　　　少數沿中脈
　　　　　　　　　　　　生長

④較進化
之薄囊蕨　　　　　　　　⑥孢子囊沿
類　　　　　　　　　　　脈生長　　　　表七

　　　　　　　　　　　　⑥孢子囊群
⑤孢子囊群　　　　　　　多呈圓形、
具孢膜或假　　　　　　　橢圓形、線　　表八
孢膜　　　　　　　　　　形等固定之
　　　　　　　　　　　　形狀

表三

　　　　　　　　　　　　⑦孢子囊群位在葉
　　　　　　　　　　　　緣或靠近葉緣　　　表九

　　　　　　　　　　　　⑦孢子囊群在裂片
　　　　　　　　　　　　邊緣與中脈之間　　表十

表一

a. 葉螺旋排列或於正面呈三行排列──石松科
⟡P.94

b. 葉於正面排成四行──
卷柏科⟡P.96

擬蕨類：葉通
常小型，僅具
一中脈或無脈
，孢子囊著生
葉腋，有時聚
成孢子囊穗。

c. 水生，葉長線形，叢生於基部塊莖上──水
韭科⟡P.98

d. 枝、葉均輪生，小葉基部癒合成鞘狀──木
賊科⟡P.100

e. 莖二叉分支，地上莖稀
被鱗毛狀之小葉，小葉
無脈，腋生之孢子囊具
三個突起──松葉蕨科
⟡P.102

表二

厚囊蕨類：孢
子囊大型，肉
眼可見；植物
體肉質狀（根
尤其顯著），
具革質或膜質
鞘狀托葉；概
為陸生植物。

a. 葉柄基部具膜質托葉，孢子囊枝自葉主軸伸出
，與葉不在同一平面上──瓶爾小草科⟡P.104

b. 葉柄基部具肥厚、略木
質化之大型托葉，羽片
及葉柄基部具膨大之葉
枕──合囊蕨科⟡P.106

表三		
		a.葉片四裂成「田」字形──田字草科 ⇨P.170 
	植物之根部著土	b.葉一回羽狀複葉，具顯著之頂羽片，羽片邊緣呈鋸齒狀──毛蕨（金星蕨科） 
水生薄囊蕨類		c.夏綠型之兩型葉植物，葉軸堅硬，孢子葉極度皺縮，孢子囊著生部位僅具葉脈不具葉肉──分株紫萁（紫萁科） 
		d.葉質地柔軟、肉質，孢子葉具反捲之葉緣，較營養葉窄──水蕨（鳳尾蕨科） 
	植物體漂浮水面，絕不著土	a.葉片長小於0.1cm，互生──滿江紅科 ⇨P.174 
		b.浮水葉對生，橢圓形，大於0.5cm──槐葉蘋科⇨P.172 

a. 孢子囊著生處不具葉肉，孢子囊繞著葉脈生長，孢子葉或孢子羽片皺縮——紫萁科▷P.110

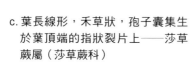

b. 休眠芽僅出現在羽軸頂端——海金沙屬（莎草蕨科）▷P.112

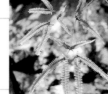

c. 葉長線形，禾草狀，孢子囊集生於葉頂端的指狀裂片上——莎草蕨屬（莎草蕨科）

d. 葉僅一層細胞厚，薄膜質，孢膜二瓣狀、寬杯形或管狀，位於裂片頂端——膜蕨科▷P.116

e. 葉主軸頂端具休眠芽——裡白科▷P.114

f. 葉革質，背面粉綠色，孢膜為厚硬之蚌殼狀，位於裂片凹入處——蚌殼蕨科▷P.118

g. 孢子囊托明顯突出葉背；植物體多為樹木狀——桫欏科▷P.120

h. 葉柄基部兩側呈翼狀，橫切面呈三角形；葉柄基部或羽片基部具瘤狀突起；兩型葉——瘤足蕨科▷P.124

i. 葉多回二叉分裂——雙扇蕨科▷P.126

j. 營養葉全緣不分裂或末端呈燕尾狀二裂，主脈二叉分支——燕尾蕨科▷P.128

表五			
較進化之薄囊蕨類一：孢子囊群不具孢膜，孢子囊呈散沙狀密布於葉背。	單葉	a.孢子葉和營養葉形狀大致相同——舌蕨屬（蘿蔓藤蕨科）	
		b.兩型葉，營養葉主脈單一，主側脈明顯——萊蕨（水龍骨科）	
	一回羽狀裂葉，或僅基部一對羽片獨立分離	a.地生植物，高約50cm——沙皮蕨（三叉蕨科）	
		b.小型岩生植物，高約15cm——地耳蕨（三叉蕨科）	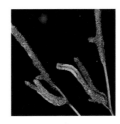
	一回羽狀複葉	a.植株根細小，直徑在1mm以下；屬闊葉林下山溝邊之植物——蘿蔓藤蕨科▷P.162	
		b.植株之根粗硬，直徑可達5mm以上；屬海岸溪口之沼澤濕地植物——鹵蕨（鳳尾蕨科）	

表六		
較進化之薄囊蕨類二：孢子囊群不具孢膜，葉為長線形之單葉，孢子囊群與葉軸平行，位於葉背近葉緣處或是葉之正側緣，少數沿中脈生長。	植株不具星狀毛	a.葉橫切面線形，孢子囊沿葉邊緣生長──書帶蕨屬（書帶蕨科）⇨P.139 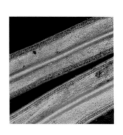
		b.葉橫切面線形，孢子囊沿中脈生長──一條線蕨屬（書帶蕨科） 
		c.葉橫切面橢圓形，孢子囊沿中脈兩側生長──二條線蕨屬（水龍骨科） 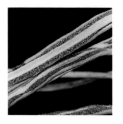
	植株具星狀毛	a.孢子囊位在葉中脈兩側之溝槽中──革舌蕨（禾葉蕨科） 
		b.孢子囊位於葉背，並由略為反捲之葉緣所保護──捲葉蕨（水龍骨科） 

表七			
較進化之薄囊蕨類三：孢子囊群不具孢膜，孢子囊沿脈生長。	單葉全緣	a. 葉厚，匙形，表面光滑無毛——車前蕨屬（書帶蕨科）	
		b. 葉心形至長心形，葉背密布毛和鱗片——澤瀉蕨（鳳尾蕨科）	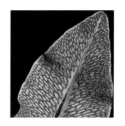
	葉為一回羽狀裂葉，至多僅基部一至數對羽片獨立——聖蕨屬、溪邊蕨（金星蕨科）		
	葉為一回羽狀複葉，莖直立，具明顯主幹——蘇鐵蕨（烏毛蕨科）		
	葉至少為一回羽狀複葉，不具挺空之直立莖——金毛裸蕨、粉葉蕨、翠蕨、鳳丫蕨屬（鳳尾蕨科）		

表八			
	葉脈網狀，網眼中具游離小脈；單葉、一回羽狀或掌狀裂葉——水龍骨科 ▷P.140		
	羽軸兩側各具一排網眼，網眼中無游離小脈；三回羽狀裂葉，末裂片間具與葉表垂直之突刺——黃腺羽蕨（三叉蕨科）		
	葉具癒合脈形成之網眼——星毛蕨屬、新月蕨屬（金星蕨科）▷P.146		
較進化之薄囊蕨類四：孢子囊群不具孢膜，孢子囊群多呈圓形、橢圓形、線形等固定形狀。	葉脈游離，不具網眼	葉柄密布毛	a.單葉，葉（尤其是葉柄）上的毛多為平射狀褐色多細胞毛——禾葉蕨科 ▷P.144
			b.單葉、一回羽狀複葉至二回羽狀裂葉，葉柄、葉軸，甚至葉片上，密被針狀單細胞毛——卵果蕨屬、紫柄蕨屬、鉤毛蕨屬、方桿蕨屬、茯蕨屬（金星蕨科）
			c.葉二至三回羽狀複葉，植株具多細胞毛——姬蕨（碗蕨科）
		葉柄無毛，或僅具稀落之毛	最下羽片基部與葉柄交接處具有關節——羽節蕨屬（蹄蓋蕨科）
			植株不具關節

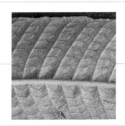

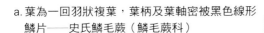

a. 葉為一回羽狀複葉，葉柄及葉軸密被黑色線形
　鱗片──史氏鱗毛蕨（鱗毛蕨科）

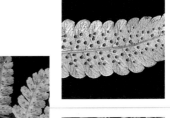

b. 葉至少為二回羽狀裂葉，葉柄基部具淺褐色
　鱗片──貞蕨屬（蹄蓋蕨科）

c. 葉為一回羽狀複葉或多回羽狀複葉，成熟植株不具毛和鱗片──稀
　子蕨屬（碗蕨科）

表九				
較進化之薄囊蕨類五：孢子囊群位在葉緣或靠近葉緣，具孢膜或假孢膜。	假孢膜開口朝內	a. 兩型葉，孢子葉之羽片兩側強烈反捲，呈豆莢狀——莢果蕨屬（蹄蓋蕨科）		
		b. 植株（尤其是莖及葉柄基部）僅具毛或為2～3列細胞寬之毛狀窄鱗片——蕨屬、曲軸蕨屬、栗蕨屬、細葉姬蕨（碗蕨科）		
		c. 植株具扁平、多列細胞寬之典型鱗片——鳳尾蕨科▷P.136		
	孢膜開口朝外	孢膜與至少兩條脈相連——鱗始蕨科▷P.134		
		孢膜僅與一條脈相連	孢膜腎形或圓腎形	
			孢膜管狀、杯狀、鱗片狀或碗狀	

a. 根莖長，植物體呈纏繞攀緣狀，葉散生；羽片
基部及葉柄基部具關節──藤蕨屬（蓧蕨科）
▷P.161

b. 莖短而直立，葉呈叢生狀，並有向四周延伸之匍匐莖；羽片基部具關
節──腎蕨科▷P.158

a. 莖及葉柄基部具毛狀窄鱗片，其餘部分光滑無
毛；葉卵狀披針形；葉柄基部不具關節──達
邊蕨屬（鱗始蕨科）

b. 根莖及葉柄基部具寬大之鱗片，其餘部分光滑無毛；葉片通常為五角
形；葉柄基部具關節──骨碎補科▷P.154

c. 植株僅具毛不具鱗片，葉柄及葉片部分尤其顯著；葉柄基部不具關節
──碗蕨屬、鱗蓋蕨屬（碗蕨科）▷P.130

表十		孢膜與羽軸或小羽軸平行──烏毛蕨科 ▷P.152		
	孢膜長條形	孢膜與末裂片之主脈斜交		
較進化之薄囊蕨類六：孢子囊群具孢膜，孢膜位在裂片邊緣與中脈之間。		單葉──瓶蕨屬（瓶蕨科）		
	孢膜鱗片狀、圓形、圓腎形或球形	複葉	羽軸表面有溝，且與葉軸之溝相通	
			羽軸表面無溝，或有溝但不與葉軸之溝相通	

a. 鱗片窗格狀，孢膜僅生於葉脈一側——鐵角蕨科▷P.148

b. 鱗片細胞不透明，孢膜常呈J形、馬蹄形、背靠背雙蓋形或是香腸形——蹄蓋蕨科▷P.168

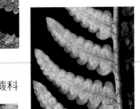

a. 孢膜細小，基部著生，孢子囊群常將孢膜遮蓋——冷蕨屬、亮毛蕨屬、假冷蕨（蹄蓋蕨科）

b. 孢膜較大，位於孢子囊群上方，或將孢子囊群全面遮蓋——鱗毛蕨科▷P.164

植株具單細胞針狀毛；葉片草質至紙質

a. 葉片二回羽狀中裂或深裂，披針形、卵圓形至橢圓形——金星蕨科▷P.146

b. 葉片三回羽狀分裂，卵形至三角形，葉柄基部膨大，上面覆滿紅棕色鱗片——腫足蕨屬（蹄蓋蕨科）

植株具多細胞毛，在羽軸表面尤其顯著；葉片草質至紙質

a. 羽軸表面具多細胞肋毛；最基部羽片之最基部朝下小羽片通常較長——三叉蕨科▷P.166

b. 羽軸表面具蠕蟲形窄鱗片；最基部羽片之基部兩側等長——蹄蓋蕨科擬蹄蓋蕨屬假鱗毛蕨群

植株完全不具毛，但密布鱗片；葉片革質至厚革質——耳蕨屬、鱗毛蕨屬（鱗毛蕨科）

觀察篇

哪些蕨類會「踩高蹺」？

哪些蕨類會「走路」？

筆筒樹為什麼又叫「蛇木」？

煤炭的前身又是誰？

‧‧‧‧‧‧‧‧‧‧‧‧‧

本篇傳授各科的「識別錦囊」，

破解「演化舞台」上的祕密，

呈現趣味的「生態視窗」，

還告訴你「蕨類與人」的親密關係，

讓你出入其間，更加心領神會。

石松科
Lycopodiaceae

石松科是原始的擬蕨類植物中數量較多的一群。野外只要看到毛茸茸、綠色小刷子似的植物，很可能便是石松科的成員。它們遍布全世界，台灣從高海拔的岩屑地，到低海拔的森林邊緣或空曠地都有它們的蹤跡。其中，又以「過山龍」為最常見且具代表的種類。

觀察 過山龍

在野地裡，尤其是在中、低海拔陽光及水源充足的開闊山坡地，常可看到一串串如睫毛刷似的綠色植物攀垂在土坡上，末端還會長出如麥穗般的構造，它就是「過山龍」。過山龍往往成群出現，因為它的主莖常會由直立轉變為傾臥甚至匍匐狀，所以一整片的過山龍很可能僅只是一棵植物。

● 主莖常傾臥並呈匍匐狀

石松科檔案

外觀特徵：葉小型，單脈，多呈螺旋狀排列；莖二叉分支；孢子囊長在葉腋；孢子葉多集生在枝條頂端，有的會聚集成橢圓形之孢子囊穗，其外觀與顏色有時會和營養葉極為不同。

生長習性：著生或地生，有些具懸垂性或攀緣性，許多稀有種類都與較成熟的森林有關。

地理分布：遍布世界，遍布台灣全島。

種數：全世界有4屬約300種，台灣有3屬22種。

●過山龍是屬於傾臥匍匐性的蕨類，植株長可達數公尺。

●粉黃色孢子葉集生在分枝末端，形成無柄的孢子囊穗，長孢子囊穗的枝條常彎曲向下。

●每片孢子葉葉腋處有一枚孢子囊

●小葉單脈，呈細針狀，螺旋排列在莖上。

適應開墾環境的石松

生態視窗

在一般人的印象中，蕨類都是生活在潮濕、陰暗的環境，可是有不少種石松科的成員卻是生長在開闊的地方，譬如：在中、低海拔開墾過的山坡地常可看到過山龍；而高山地區火災過後長出的箭竹草原上，則會發現假石松的蹤跡，因為它具有常被掩蓋在土壤下的匍匐莖，而火只會燒掉土壤表面的部分，災後假石松很快就會冒出新芽，短時間內即又蔓成一大片。

●高山箭竹草原上的假石松群落

花籃的最佳配角——過山龍

蕨類與人

過山龍的莖呈匍匐狀，碰到土的時候就會長出根與直立的莖，很容易從一個地方爬到另外一個地方，因此才產生這麼有趣的名稱。這種蕨類台灣很多，早年社會經濟較不富裕，裝飾花籃時常以過山龍來做陪襯，讓花籃看起來較有分量，因此，它可以稱得上是花籃的最佳配角。

埋入地層的蕨類森林

演化舞台

蕨類植物的全盛時期是古石松類和古木賊類廣布的石炭紀（約三億年前左右），當時的森林有如今天的熱帶雨林，主要的優勢樹種全是巨大的擬蕨類，如古石松即高達四十公尺，莖粗約二公尺。「石炭紀」名稱源自此地層中含有大量的石炭，而石炭即是這片繁盛的蕨類森林被埋入地層後，長期受地球內部的高壓高熱而碳化形成的產物，也就是煤炭。石炭紀之後，包含古石松、古木賊等擬蕨類，開始走向衰退的路途，真蕨類逐漸成為蕨類植物中較優勢的類群。

●漆黑的煤炭隱藏著蕨類的身世祕密

卷柏科
Selaginellaceae

卷柏科也是擬蕨家族的成員，其外觀上最大的特徵是：植株的枝條呈扁平狀，正面有四排並列的小葉，具有明顯的背腹性，略似紅檜或扁柏。不管是在野外的林蔭下、路旁的土壁或岩石上，都有可能找到它們的蹤跡。卷柏科植物還經常會將枝條向上及向內反捲，這是一種適應乾旱環境的演化策略。

觀察全緣卷柏

全緣卷柏是台灣低海拔山區很常見的蕨類。亭亭直立的主莖，典型的二回羽狀分枝，第一回側枝有如飛揚的鳥翼，且同側的側枝間彼此明顯分開，其上的枝條呈羽狀排列，長著玲瓏可愛的四排小葉。由於它對本土環境的適應性良好，也常見於潮濕的庭園之中。卷柏科大部分的種類都生活在闊葉森林的下層，喜歡有遮蔭、潮濕溫暖的環境，全緣卷柏柏也是如此。

● 植物體二回羽狀分枝，側枝呈羽狀。

主莖直立，呈長柄狀。 ●

主莖基部的小葉是同形葉，排列稀疏，不呈四排，而呈螺旋狀。 ●

根支體長在主莖基部，有如榕樹的支柱根一般，具有支撐的功能，數量不多。 ●

卷柏科檔案

外觀特徵：枝條正面具四排小葉，中葉和側葉形態不同，無柄，單脈。植物體扁平，具有背腹性。孢子囊著生葉腋，孢子葉集生於枝條末端，形成長方柱狀的四面體形或扁平狀的孢子囊穗。

生長習性：地生或長在岩石上，主莖匍匐或直立生長，常成群出現。

地理分布：主要分布在熱帶、亞熱帶地區，台灣則遍布全島，從低海拔至2500公尺左右。

種數：全世界只有1屬約750種，台灣有17種。

96

●全緣卷柏常成群出現，是低海拔郊山的常見蕨類之一。

死而復生的萬年松

生態視窗

萬年松是卷柏科的成員，又叫做「九死還魂草」，或簡稱「還魂草」，這是因為在乾旱的季節，它整個植株會由外向內捲縮起來，將銀白色的背面露出來，宛如枯死一般，其實它是利用這個方法來反射太陽光，減少表面積的蒸發量，等到雨季重臨，它便再度舒展開來，重現翠綠生機。當萬年松捲縮起來時，它並未死去，因為生長點被保護在裡面，這是萬年松度過惡劣乾旱環境時的生存策略。

●萬年松喜歡生長在大岩壁上。空氣濕度足夠時，叢生的枝條常呈開展狀；當濕度降低時，則捲縮成拳狀。

──●孢子葉集生枝條末端，形成長方柱狀的四面體形孢子囊穗。

踩高蹺的卷柏科蕨類

生根卷柏喜歡生長在潮濕、高腐植質的環境，可是假如植株太靠近潮濕的地面，莖葉就容易爛掉，也很可能會被別的植物所遮蓋住。為了與地面保持一段距離，其主要的枝條會分很多叉，每個分叉點都會長出一個向地面生長的構造，叫做「根支體」。它就用根支體將主要植物體平行撐起來，彷彿踩著高蹺一般，這是它的生存本領之一。其實像異葉卷柏和前面提到的全緣卷柏也都有類似的構造，只是不像生根卷柏的根支體這般發達罷了。

●枝條的正面共有四排小葉，旁邊兩排較大稱為側葉，中間兩排較小稱為中葉。小葉無柄，具單脈。

園藝的外來客──翠雲草

蕨類與人

翠雲草是原產於中國南部地區的卷柏，主莖匍匐狀，呈蔓性生長，其特色是：在陰暗的環境中會呈現詭異的藍色，在陽光之下則呈現粉綠色。這種卷柏由於十分耐陰，且繁殖力強，又有奇特多變的色彩，因此被世界各地廣泛引進栽培，台灣的花市可以看到，在許多花園裡也可見到自行繁殖的個體。

●翠雲草的顏色會隨環境的濕度與遮蔽度而產生變化，有時呈粉綠色，有時則呈藍綠色。

水韭科
Isoetaceae

水韭科是擬蕨類中葉子較大的一群，葉片細長，叢生於塊狀莖上，莖則著土長在水中，每片葉僅具單脈。它們的孢子囊長在葉子基部與莖的交接處（葉腋）。

觀察台灣水韭

台灣水韭是台灣唯一的水韭科蕨類，目前僅見於陽明山國家公園的夢幻湖中。它屬於著土型的水生植物，乍看下就像是一叢叢長在水中的韭菜。雨季時會完全沒入水面下，枯水期才露出水面來。

葉細長，質地柔軟，單脈。

●陽明山夢幻湖的台灣水韭常長在淺水處，就像是一叢叢的小韭菜一般。

葉片基部較扁平，往上則葉背漸趨圓凸形。

孢子囊長在葉腋，灰白色，大型，肉眼可見。

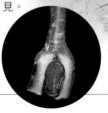

根呈細絲狀

葉內部具空腔,可提供氣體流通及保存的機會。

台灣水韭是台灣特有種嗎?

演化舞台

　　1971年,一對大學植物科系的學生情侶在夢幻湖畔散步時,無意中發現湖中長著一叢叢狀似韭菜的不知名水生植物,專業的訓練讓他們直覺這種植物並不尋常,便帶回學校給當時台灣蕨類植物學權威——棣慕華教授鑑定,證實了這是一種水韭,而且和世界上已發現的其他水韭都不一樣,棣教授因此給它一個新的名字,這便是「台灣水韭」被發現的經過。

　　直到今天,一般人都認為台灣水韭是台灣特有種,也就是說全世界只有台灣,而且只有在北部七星山的夢幻湖才有這種植物,果真是如此嗎?

從盆地形成史推斷

　　我們可以從台北盆地的形成史來嘗試推斷:大約是兩百萬到六百萬年前台北從海裡面浮出來,而大約二百八十萬到四、五十萬年前,台北北部地區陸續產生火山噴發的現象,所以可以推論在四、五十萬年前,陽明山區應該沒有太顯著的植被,因為火山噴發後鄰近地區不可能有生物存在。那麼後來它的生物從哪裡來呢?台北市北邊火山噴發,可是南邊沒有,南邊還是森林,所以有一些動物與植物會從南邊的森林移到北邊來,也就是說,南邊才是種源所在。

　　從生物變成新種的角度來看,族群隔離是很重要的條件,生物如果沒有遭遇隔離,基因就會交流;反之,若是隔離很清楚,就可能會產生新種。通常要有海洋、大河或高山才能產生地理隔離的機制。我們知道,台北市的北邊跟南邊在地質史上並沒有如台灣海峽或是中央山脈那樣的生物大阻隔體,加上盆地陷落及溪流形成也都是晚近之事,不大可能演化出新種,這由陽明山國家公園除了台灣水韭外,並無特有種的事實,可做為佐證。而日本人在1930年代曾經做過夢幻湖的調查,其中也沒有記載水韭這種蕨類植物,因此推斷,台灣水韭並非台灣特有種。

小水鴨權充送子鳥

　　那麼台灣水韭到底是怎麼來的呢?推論之前,首先必須先瞭解夢幻湖特殊的生態環境。海拔七百多公尺的夢幻湖在冬天受東北季風的影響,降水隨風而來,因此除了溫度會變低,過了中午以後還會雲霧籠罩,偶爾也可看到雲海,有時甚至還會下雪。這原本是中央山脈兩千公尺左右才有的生態現象,到了北部即下降分布到夢幻湖一帶,在生態學上我們稱此為「北降現象」。

　　二十多年前剛發現台灣水韭時,夢幻湖附近都是森林,當時湖裡有很多水鴨,而水鴨很喜歡吃這種水生植物,因此我們推測,台灣水韭可能原本生長在北國的某一個角落,也許是在西伯利亞或者其他較不被注意的溫帶或寒帶地區水域,環境近似夢幻湖,隨著水鴨季節性的遷移,它的孢子隨著水鴨的排泄物散布在夢幻湖中,台灣水韭就此落地生根。

● 葉叢生於塊莖上

● 莖呈塊狀,半著土。

木賊科
Eguisetaceae

木賊科是擬蕨類植物中相當具有特色的一群。特色一：莖和枝條有節，扯斷後接回，看不出斷痕；特色二：枝條與小葉呈輪生排列；特色三：莖上有縱溝。這三個特徵在蕨類植物當中，可說是只此一家，別無分號。本科台灣只有一種。

觀察木賊

木賊主要生長在低海拔向陽開闊的溪床邊，或是平野地區的水溝旁。它有個有趣的別稱叫「土筆」，顧名思義，其外觀看起來就像是一枝枝插在土上的毛筆，筆頭就是它的孢子囊穗。它還有一個俗名叫「接骨草」，因為如果用手握住枝條的兩端，用力一拉，會發現它斷掉的地方，一邊是尖的，一邊呈鞘狀，彷彿可以再接合起來，這可是伴隨許多人走過童年的天然童玩呢！木賊由於地下莖發達，常蔓延成一片，宛如小型的孟宗竹林，其實很可能只是一棵而已。

小葉從節處長出，多枚輪生，下半段癒合成鞘狀，基部為綠色。每片葉只有一條脈。

枝條和小葉一樣輪生於節上

莖中空有節，表面有稜脊，觸感極粗糙。

地上莖直立狀，綠色。

地下莖匍匐狀，黑色。

木賊科檔案

外觀特徵：孢子囊穗橢圓形，頂生；莖中空有節，枝條、小葉輪生，小葉基部癒合成鞘；莖有縱向之稜脊與溝槽，表面粗糙；地上莖直立，地下莖匍匐狀。

生長習性：生長在溪邊沙地或礫石灘地，平野溝邊亦可見到。

地理分布：主要分布於北半球的寒帶、溫帶及亞熱帶，台灣分布於中、低海拔地區。

種數：全世界有1屬15種，台灣有1種。

● 孢子囊穗長在枝條頂端，由許多六角形的盾狀構造組成，孢子囊即著生其內。

為什麼木賊的莖是中空的？

演化舞台

假如我們把木賊的莖橫切來觀察，會發現中間有一個空腔，為什麼要有空腔呢？其實大部分水生植物的莖都有空腔，因為植物與動物一樣需要行呼吸作用，而在水中呼吸比較困難，所以如果身體裡面有空的部分，便可以保存氧氣，並製造浮力。木賊居住在大河旁邊的沙地，根莖其實也是浸泡在水裡面，所以它的主莖通常是空的。除了一個大空腔外，還會有很多小空腔，讓氣體流通更加順利。

● 木賊莖的橫切面

趨同演化

木麻黃的枝條長得跟木賊很像，同樣有輪生癒合的葉子與輪生的枝條，全世界只有這兩類植物是如此類似，但它們卻分別屬於兩個很不一樣的植物群，木麻黃是開花植物，木賊則是不開花的植物，這種親源關係相差甚遠，長相卻如出一轍的情形，在學術上稱為「趨同演化」。

● 木賊具有輪生癒合的葉子與輪生的枝條

● 木麻黃的雌株常可見如松毬般的果實，而且植株甚為高大，這是木賊所不具備的。

最環保的鍋刷

蕨類與人

昔日木賊的莖常被人們折成一捆捆的，用來當作清洗鍋子的鍋刷，因為木賊的莖有突出的稜脊，稜脊處的厚壁細胞沉積了大量含矽的礦物質，表面極為粗糙，而它剛好長在水邊，地緣之便，正好用來刷鍋子。這種「木賊刷」用過即可丟棄，自然化歸塵土，不會汙染環境，可說是最環保的清潔工具。

長在小溪邊的木賊，因地下莖匍匐地面下且不斷分支，故地上莖常呈蔓生狀。

松葉蕨科
Psilotaceae

松葉蕨科也是擬蕨類之一，其最具代表性的松葉蕨造形非常簡單，整棵植物乍看下，只見綠色的、多次二叉分支的莖，上面著生著一枚枚具有三面突起的大型孢子囊，葉子很小，呈鱗毛狀，肉眼幾乎看不到。本科是蕨類中造形奇特的少數族群，台灣只有一種，都會在行道樹如榕、樟的樹幹上常見。

觀察松葉蕨

漫步在低海拔的森林裡，有時我們會在高大的筆筒樹樹幹上發現一種奇特的植物，看起來像是一束束的松葉，又像一支支倒插的綠色小掃把，這就是俗稱「鐵掃把」的「松葉蕨」。松葉蕨主要分布在低海拔天然林，喜好潮濕溫暖的環境。除了筆筒樹的樹幹外，偶爾在水溝石縫中，甚至花盆等人工環境也可能出現。

地上莖綠色，呈等邊二叉分支，莖的橫剖面有稜角。

松葉蕨科檔案

外觀特徵：莖呈二叉分支；小葉鱗毛狀，無脈，孢子葉為二叉狀。孢子囊具有三突起，肉眼可見。

生長習性：通常著生於樹幹上，偶亦見生長在岩縫或地上。

地理分布：分布於泛熱帶至暖溫帶潮濕地區，台灣則零星散布於全島低海拔地區。

種數：全世界有2屬約12種，台灣有1屬1種。

地下莖二叉分支

●松葉蕨常長在林下筆筒樹樹幹上，就像是一支
支倒插的小掃把。

● 小葉呈鱗
毛狀，無
脈。

孢子囊

小葉

小葉

孢子囊長在葉腋，無
孢膜，肉眼可見，具
有三個圓形突起，成
熟時由綠轉黃。

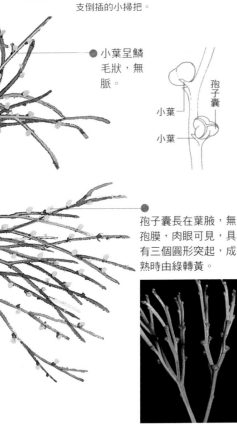

松葉蕨與原始雷尼蕨有關嗎？

演化舞台

　　雷尼蕨是在約四億年前的地層中所發現
的一種化石蕨類，目前並不存在於地球上
的任何一個角落，學者都認為它是全世界
最早的陸生植物，同時也是最原始的蕨類
。由於松葉蕨的外形和
雷尼蕨很像，一度曾被
以為兩者有親密的
血緣關係，但後來
經學者研究證實
並非如此，松
葉蕨簡單的外
形其實是退化
的結果，它和
雷尼蕨應分屬
不同的門。但
無論如何，松
葉蕨在所有現
生的蕨類中仍
是屬於較原始
的類群。

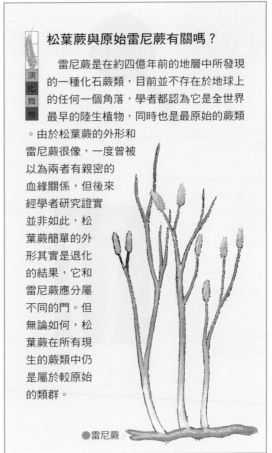

●雷尼蕨

與真菌共生的松葉蕨

生態視窗

　　自然界的生物在長期演化過程中，彼此
之間逐漸發展出各種關係：有雙方互利的
；有一方有利，另一方卻有害的；也有一
方有利，另一方亦無害的；更有雙方在一
起，彼此卻無任何利害關係者。在雙方互利的
例子中，最著名的要算是真菌與維管束植物的
共生關係了，真菌居住在某些高等植物的根裡
面，協助植物的根部吸收水分及少量營養元素
，同時也幫助根部抵禦外來病菌的侵犯，而真
菌亦可從植物的根細胞取得碳水化合物及多種
維他命。而松葉蕨的地下莖及配子體內也居住
著這一類的真菌。除了松葉蕨外，石松科的配
子體、瓶爾小草科及合囊蕨科的根部也都有真
菌共生的現象。

瓶爾小草科
Ophioglossaceae

瓶爾小草科蕨類的外觀特徵很明顯：大型、肉眼可見的孢子囊排列在孢子囊枝上，呈穗狀或圓錐狀；而孢子囊枝則著生在營養葉上，葉片的形狀有單葉、羽狀分裂至複葉、三出複葉等三種類型。它們在葉柄基部具有鞘狀托葉，和合囊蕨科一樣，是蕨類植物中少數具有托葉的兩個科。

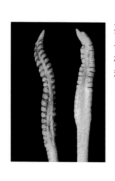

觀察瓶爾小草

過去在公園或學校的草皮上，偶爾會看到有些人彎身在採草藥，他們很可能是在尋覓一種只有一片葉子的植物——即俗名「一葉草」的瓶爾小草，它是瓶爾小草科蕨類中較常見的一種，是傳統治瘡的中藥材，一度身價不凡，奇貨可居，但由於採摘過度，目前反而不太容易看到它的蹤跡了。

孢子囊大型，半埋在孢子囊枝體內，形似穗狀。

孢子囊枝肉質狀，單一，不分叉。

葉為單葉，全緣，披針形至卵形。

孢子囊枝著生在營養葉之上，且兩者不在同一個平面。

幼葉不捲旋

根粗肥，肉質，偶亦會長不定芽，行無性繁殖。

瓶爾小草科檔案

外觀特徵：根狀如蘭花之根，肥厚肉質；莖短直立狀、肉質；葉片通常亦為肉質狀，幼葉不捲旋，孢子囊枝以一定的角度著生在營養葉上。

生長習性：絕大多數為地生型植物，少數著生於樹幹，或為濕地植物。

地理分布：分布世界各地，但不常見；台灣於低、中、高海拔地區及蘭嶼均有發現，數量不多，且各種均有其侷限分布。

種數：全世界有3屬約80種，台灣有3屬10種。

●瓶爾小草常出現在空曠的草生地上，葉呈湯匙狀，很容易與開花草本植物的葉子混淆。

葉脈網狀，網眼長形，內有游離小脈。

莖短直立狀，肉質，為膜質托葉所被覆。

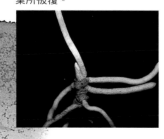

有趣的的生存機制

生態視圖

　　由於瓶爾小草科大都生長在相對較乾旱的地區，例如：開闊的草生地、林下山脊環境或是大樹的樹幹上等，所以此科蕨類都趨向演化成小型多肉植物，其葉子通常不越冬，而肉質狀、稍稍膨大的葉柄基部及具有菌根菌與不定芽的根系更是它的生存重點。

　　葉柄基部膨大，是因為內部包被二至五枚未成形的葉子，由較老的依次保護較年輕者，而於每一個生長季之初才釋放一片葉子，如果遇到較不適宜的狀況，例如氣候乾旱等因素，新葉即蟄伏不出，呈休眠狀態。其根系則類似高等植物的地下莖，有時也可由根上長出新植株，這也是瓶爾小草科植物葉子常成群出現的主因；更神奇的是，根內含有菌根菌，可協助吸收周遭環境的氮元素供植物之用，這種現象同時也出現在合囊蕨科的根部、松葉蕨的地下莖與石松科的配子體上。

　　瓶爾小草科另外還有一個特性是：植株雖然呈肉質狀，但通常不具有厚壁細胞，這是植株較小型的主因，也是著生型植株通常會下垂的原因。或許也因此之故，瓶爾小草科雖總能適應生長在相對較乾旱的環境，但該種環境仍必須保持相當程度的水氣，例如：生長在空曠的草地，但土壤是潮濕的；生長在山脊線的微棲息環境，則必終年多霧；若是長在樹幹上，則該森林林下濕度一定頗高。

●著生在林內樹幹上的帶狀瓶爾小草，因不具有厚壁細胞，所以葉無法挺立而下垂生長。

合囊蕨科和瓶爾小草科合稱厚囊蕨類，因其孢子囊特別大，孢子囊壁特別厚，近似擬蕨類，但它們又具有真蕨類的大葉子，因此可說是演化過渡期的產物。合囊蕨科外觀上最大的特徵是它的托葉，蚌殼狀的托葉一組組密生在塊莖上的葉柄基部，乍看下，就像是觀音菩薩的蓮花座一般，這也是本科成員的名字中多數都有「觀音座蓮」四字的原因。

觀察觀音座蓮

觀音座蓮是合囊蕨科的蕨類當中分布最廣的一種，在都市近郊的森林裡就很容易看到。它的整個植株看起來肥厚多汁，葉片非常巨大，每片葉子甚至可長達三公尺，除了明顯易辨的托葉「蓮花座」外，葉柄及羽軸基部膨大的「葉枕」，也是它的標準特徵。

●低海拔溪谷旁常可見觀音座蓮，葉大型，呈肉質狀。

成熟葉為二回羽狀複葉，可達二至三公尺，葉緣鋸齒狀。

合囊蕨科檔案

外觀特徵：根粗大肉質，莖塊狀、略帶肉質，葉柄基部具有肥厚、略微木質化之宿存托葉。幼葉捲旋，成熟葉為一至三回羽狀複葉，有時非常大型。葉柄及羽軸基部具有膨大的葉枕。葉脈游離，有些具有回脈。孢子囊成群集生，有的種類則癒合在一起。

生長習性：地生。

地理分布：分布於熱帶、亞熱帶地區，台灣則分布於低海拔地區。

種數：全世界有4屬約300種，台灣有2屬5種。

孢子囊大型，靠近羽片邊緣成群集生，屬於齊熟型。

葉脈游離，至多一次分叉；在兩條真脈中間具有一條很短的回脈。

葉柄及羽軸基部有膨大的葉枕

葉柄上有許多白色長線形的氣孔帶

幼葉呈捲旋狀

葉柄基部具蚌殼狀、肥厚略木質化的大型托葉，老葉脫落後，托葉仍然存在，且成對密生於莖上，宛如蓮花座。

塊莖肉質狀

根粗大、肉質狀。

熱帶雨林的指標蕨類

生態視窗

　　合囊蕨科以熱帶雨林為主要分布範圍，是熱帶雨林的指標蕨類。在亞熱帶地區則大多侷限在溝谷環境兩側，具有較成熟森林之山坡地，這種情況在台灣尤其常見，因為台灣的地質年紀很輕，較多陡峭擠壓的山地，溝谷地方由於較保溫保濕，有點像熱帶雨林的環境，所以台灣的合囊蕨科植物多半出現在山溝谷兩側潮濕森林之下。不過，通常這種環境都不會大面積出現，也就是說，台灣的熱帶雨林環境呈現零星分布的狀態，此顯示台灣正位於熱帶雨林分布的邊緣。

●蘭嶼觀音座蓮常見生長在溝谷兩側山坡，是蘭嶼熱帶雨林環境的指標植物。

觀音座蓮的「重演」現象

演化舞台

　　所謂「重演」，就是植物在成長的過程將整個家族的演化歷史再次呈現一遍。觀音座蓮即具有「重演」的現象，也就是說，觀音座蓮在發育的過程中，葉片形態是從一般認為較原始的一回羽狀複葉慢慢變成二回羽狀複葉。由此大家也會比較容易瞭解，為什麼合囊蕨科裡面一回羽狀複葉的種類在過往被稱為原始觀音座蓮屬。很多生物的發育過程也都有重演的現象，「重演」是研究演化的線索之一。不過也有研究指出，演化也有可能由複雜回歸簡單。

●觀音座蓮植株發育過程中，往往可發現部分葉片展現由一回變為二回的過渡階段特徵。

特殊的無性繁殖現象

有許多種較大型的合囊蕨科植物，當植株長到非常巨大時，葉柄基部老莖上的托葉會自行脫落，且肥厚的托葉上會出現小芽，向上長出叢生的葉子，向下長出根。據報導指出，有少數種類的合囊蕨科植物少見長孢子囊群，反而較常看到利用分離的托葉繁殖下一代，因此，園藝界常利用此一特性來繁殖培育合囊蕨科類。在蘭嶼，我們常可見到合囊蕨科中的蘭嶼觀音座蓮從脫落的托葉上長出小植株，而產於台灣本島的觀音座蓮則較少見。

像傘骨一般的回脈

由於合囊蕨科植物大多是熱帶雨林下的地生大型草本植物，巨大而分裂的葉子可以擷獲最多的陽光，並且將病蟲害的影響減至最低。有些種類，例如觀音座蓮，在葉緣相鄰的兩條小脈之間會有一條不和其他脈相連的「回脈」，由葉緣的方向向主脈的方向延伸，它是由許多厚壁細胞所構成，就像傘骨一般，協助葉子的小脈將葉片平展，增加陽光的接觸面。回脈和真脈不同，正常的葉脈應該彼此相連接，如此才能輸導根部所吸收的水分和礦物質，以及葉子所製造的養分。而回脈卻不具輸導功能，因此又稱「假脈」，假脈是觀音座蓮屬、膜蕨科中的少數種類及部分鳳尾蕨屬植物所獨具的特徵。

控制水分進出的葉枕

合囊蕨科蕨類的葉柄及羽軸基部具有膨大的「葉枕」，就像種子植物中的合歡一樣，可因應環境變化來控制此處水分的進出。葉枕內部僅具薄壁細胞而不像葉子其他部分多少都具有厚壁細胞，因此當環境缺水，葉枕會較其他部分更易萎縮。稍微乾旱時，輕度萎縮的葉枕會調整葉子全部或部分的角度，以減少陽光的照射面；極度乾旱時，合囊蕨科可藉著極度皺縮的葉枕而將小羽片、羽片

或整片葉子下垂或甚至脫落，以減少水分的蒸發散。

●觀音座蓮的羽軸連接葉軸處具有膨大的葉枕

●具有一回羽狀複葉的合囊蕨科植物過往被認為是比較原始的特徵

合囊蕨科的利用

蕨
類
與
人

熱帶雨林地區在食物缺乏時，當地的土著會收集合囊蕨科的大型托葉及塊莖做為澱粉來源，紐西蘭的毛利人也有類似的行為，甚至雨林地區的野豬也經常挖掘合囊蕨科的莖及托葉食用。此外，在雨林中生活的土著也會利用托葉及部分的莖釀酒及製作芳香油，或用羽片做節慶時之頭飾，用大型的葉片鋪設臨時性的床墊；近代西方國家的園藝界，或許是欣賞其巨大叢生的熱帶葉形，目前已經將合囊蕨科的部分種類馴化，做為庭園中的景觀植物。

紫萁科
Osmundaceae

紫萁科最奇特之處，就是大部分種類長孢子囊的地方都看不到葉肉，孢子囊就直接繞著脈生長，這與其他薄囊蕨類在葉背的情形可說是大異其趣。不過，紫萁科最重要的關鍵特徵，其實是它圓球形且頂部開裂的孢子囊（見P.32）。

觀察**粗齒紫萁**

粗齒紫萁是紫萁科的蕨類中最容易看到的一種，常出現在低海拔森林邊緣潮濕的溪溝旁，例如台北四獸山等地的山溝壁上。它屬於常綠性，是台灣的紫萁科中唯一不在秋冬落葉的。從名字就很容易想像它的外觀特徵：革質的羽狀複葉，羽片邊緣呈粗鋸齒形。而黃澄澄的孢子囊纏繞著不長葉肉的葉脈生長，此特徵則是整個紫萁科令人一見就難忘的「族群圖騰」。

孢子羽片較靠近葉片基部，脈與脈之間沒有葉肉，而孢子囊則繞著小脈生長。●

羽片和葉軸間有類似關節的界線

紫萁科檔案

外觀特徵：莖粗短、直立；葉叢生於莖頂，一至二回羽狀複葉；葉柄基部呈翼狀；羽片和葉軸之間具有關節的外形，但不一定有關節的功能；孢子羽片沒有葉肉，孢子囊繞著葉脈生長；植株不具鱗片，但幼葉通常被覆棕色綿毛；葉脈游離。

生長習性：概為地生型植物，少數種類生長於濕地環境。

地理分布：廣泛分布於世界各地，溫帶地區種類較多；台灣則零星分布於全島。

種數：全世界有3屬約18種，台灣有1屬4種。

葉柄基部略寬，呈翼狀，葉子凋萎後部分仍殘存。

葉為一回羽狀複葉，革質，葉緣呈粗鋸齒狀。

莖粗短、直立，葉叢生莖頂。

● 葉脈游離，呈多次不等邊之二叉分支。

●一回羽狀複葉的粗齒紫萁，葉質地堅硬，常只長在近郊山區的溝谷地山壁。

會落葉的蕨類

蕨類植物給人的感覺是常綠性的植物，因為一年四季都看得到它，加上它的主體是綠色的葉子，沒有五顏六色的花朵，因此成了「綠」的象徵。但台灣的四種紫萁科蕨類中，除了粗齒紫萁，其餘三種卻全都是落葉性，就和落葉樹一樣，隨著四季溫度變化，於秋天落葉，在春天展露新芽。

●分布於中、低海拔的紫萁，具有二回羽狀複葉的葉片，秋冬之際，葉子則全數凋萎。

蛇木屑的代用品

蛇木板、蛇木屑、蛇木柱及蛇木盆是台灣很常見的園藝用品，一般用來養蘭，或種植一些著生型或爬藤類的植物。不過在溫帶地區，由於不產蛇木（筆筒樹），所有蛇木類製品必須仰賴進口，價格十分昂貴，人們便想到利用溫帶地區極為常見的紫萁類植物的莖及鬚根來替代，因為莖上具有葉柄基部的碎片，如此一樣能達到通氣又可保濕的目的，而且價格便宜許多。由此可知，觀察一個地區人們日常生活所使用的植物材料，也是瞭解當地自然環境的好方法！

111

莎草蕨科
Schizaeaceae

莎草蕨科分成兩群，一群是葉軸可無限生長的海金沙屬，另一群是長得很像一般雜草的莎草蕨屬，但前者十分常見，後者則僅零星分布於南部熱帶森林裡。這兩群的外觀差異極大，唯一的共同點是它們都具有橄欖球形的孢子囊。

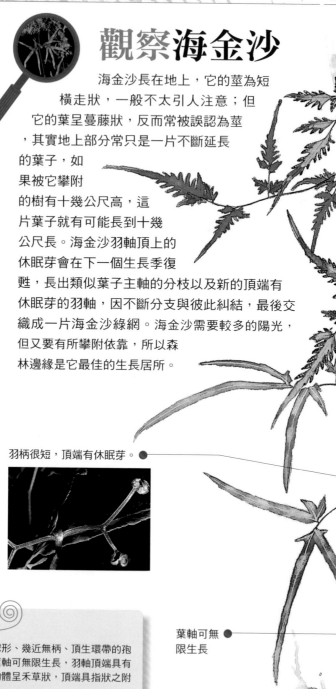

觀察海金沙

海金沙長在地上，它的莖為短橫走狀，一般不太引人注意；但它的葉呈蔓藤狀，反而常被誤認為莖，其實地上部分常只是一片不斷延長的葉子，如果被它攀附的樹有十幾公尺高，這片葉子就有可能長到十幾公尺長。海金沙羽軸頂上的休眠芽會在下一個生長季復甦，長出類似葉子主軸的分枝以及新的頂端有休眠芽的羽軸，因不斷分支與彼此糾結，最後交織成一片海金沙綠網。海金沙需要較多的陽光，但又要有所攀附依靠，所以森林邊緣是它最佳的生長居所。

羽柄很短，頂端有休眠芽。

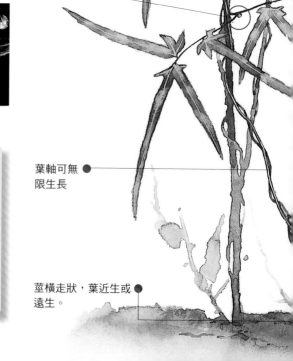

葉軸可無限生長

莖橫走狀，葉近生或遠生。

莎草蕨科檔案

外觀特徵：有橄欖球形、幾近無柄、頂生環帶的孢子囊。植物體之葉軸可無限生長，羽軸頂端具有休眠芽；或是植物體呈禾草狀，頂端具指狀之附屬物。

生長習性：地生型植物，有些種類葉為攀緣性，蔓生。

地理分布：分布於熱帶至暖溫帶，台灣全島低海拔可見，少數種類非常稀有。

種數：全世界有4屬約170種，台灣有2屬4種。

●休眠芽附近二叉之小羽片各自呈現二回羽狀複葉的外形。

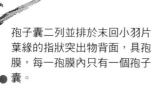

孢子囊二列並排於末回小羽片葉緣的指狀突出物背面，具孢膜，每一孢膜內只有一個孢子囊。

●海金沙的葉軸可無限生長，看起來就像是一般藤本植物的莖。

橄欖球形的孢子囊

演化舞台

　莎草蕨科的蕨類不管是蔓性的海金沙或是禾草型的莎草蕨，它們都具有長得像橫放的橄欖球一般的孢子囊。全世界現生的蕨類中，只有此科孢子囊的環帶位於橄欖球形孢子囊一邊的尖端，而環帶在喪失水分時同時帶動孢子囊的開裂，因此莎草蕨科的孢子囊是頂端開裂，由於短柄或幾乎無柄，而且如此構造之環帶無法讓孢子囊開裂時產生任何彈力，所以對孢子的傳播並無太大之助益，這可能是早期演化過程的產物，也因此莎草蕨科被列為較原始的薄囊蕨類。

海金沙的「重演」現象

　我們習見海金沙的葉子蔓生在其他植物的身上，但是幼株的葉子卻不具攀緣性，而是一片極普通的蕨葉，跟常見的鳳尾蕨有些類似。等到植株愈趨成熟，此時長出的葉子才產生變化，葉軸變長，頂端也開始纏繞攀爬。由「胚胎重演說」的觀點來看，海金沙是由葉軸不會纏繞的祖先，演化成今天的樣貌，而它生長的過程則將此一現象又「重演」了一遍。

海金沙鍋刷

蕨類與人

　台灣早年大家庭所使用的鍋子比現在大好幾倍，很不容易清洗，那時也沒有像今天一樣有各種人造的清潔工具可供選擇，因此屋外隨處可見的海金沙，因具有無限生長的葉軸，材質也軟硬適中，聰明的先民就把它取來綁成一束當鍋刷使用，不但方便，而且也十分環保呢！

　其實，懂得利用海金沙葉軸妙用的不僅僅是人類！台灣藍鵲還將它拿來當作編織鳥巢的好材料呢！

裡白科蕨類分成兩群，一群叫芒萁，一群叫裡白，它們共同的特點就是：在葉主軸的頂端有一個休眠芽，只要看到葉主軸頂端有休眠芽的植物，必然是裡白科的成員。大多數種類的休眠芽還有苞片保護呢！

觀察芒萁

芒萁除了葉主軸頂端有休眠芽外，其他側軸頂端也有休眠芽，換句話說，它的葉子是不斷重複的「假二叉分枝」，等到來年春天，休眠芽就會長出一個個新的軸，這是芒萁外觀上最大的特色。芒萁和五節芒一樣是台灣較乾旱貧瘠環境的指標植物，尤其在火災過後的荒野空地，常可見到成片的芒萁生長，這也意味著芒萁具有水土保持與改良土壤的功能。

葉主軸和其他側軸頂端都有休眠芽，並有苞片保護

● 幼葉呈捲旋狀

裡白科檔案

外觀特徵：地下莖長橫走狀；葉主軸頂端有休眠芽；最末分叉之羽片呈現一回或二回羽狀深裂的形態；葉脈游離；孢子囊群著生脈上，屬齊熟型，無孢膜。

生長習性：常成叢出現，生長在開闊地；部分種類生長在森林邊緣或森林裡，並形成攀緣性植物。

地理分布：分布於熱帶地區，台灣全島中、低海拔可見。

種數：全世界有5屬約130種，台灣有2屬7種。

● 孢子囊群圓形，位於小脈之上，無孢膜。

● 葉脈游離

● 最末回分叉之羽片為一回羽狀深裂

● 葉背為粉綠色

● 葉之主軸、側軸皆呈淡褐色

● 每一二叉分枝左右大略等長

具有休眠芽的蕨類

識別錦囊

　　全世界的蕨類植物當中，在葉主軸或側軸頂端有休眠芽的只有兩個科，即莎草蕨科海金沙屬和裡白科。海金沙屬植物其休眠芽出現在側軸（即羽軸）頂端，但葉主軸頂端並無休眠芽；而裡白科的葉主軸頂端則一定具有休眠芽，這是該科的必要條件，有時其側軸也會同時具有休眠芽。

古早水果籃

蕨類與人

　　台灣早年塑膠製品還不普遍的時候，送禮用的水果籃多半使用天然具有彈性的植物枝條來編織，而芒萁就是其中之一。使用的部分是芒萁的葉柄及分叉的側軸，由於這些枝條很長，不但具有褐色光澤，還可以彎曲，加上材料取得容易，因此常被利用。早年在鄉下，人們還使用芒萁骨做為大灶生火時引火的燃料呢！

●樸拙可愛的芒萁水果籃

●芒萁常成叢出現在低海拔林緣或是山間小路旁，是重要的先鋒型植物。

膜蕨科
Hymenophyllaceae

膜蕨科蕨類的生長習性和苔蘚很相近，有些種類甚至連外形都很相似，它們的共同特徵是葉片都很薄，呈薄膜狀，除了葉脈外，只有一層細胞，沒有表皮和葉肉的區分，也沒有氣孔，因此，它們必須生活在很潮濕的環境中，直接利用葉面來吸收水分和交換氣體。台灣膜蕨科蕨類一般都生長在低海拔闊葉林下山溝旁邊，另外，在海拔二千公尺左右的霧林帶亦可發現它們的蹤影。

觀察團扇蕨

台灣低海拔的膜蕨科植物較常出現在闊葉林下陰暗潮濕之處，尤其是山溝邊腐植質豐富的地方。但是其中有一種，樣子像是一只只綠色的小團扇，卻喜歡生長在溪谷地的大岩壁或是闊葉林下的樹幹、巨石上，且經常成群出現，彷彿綠色的草墊般，它就是「團扇蕨」，是低海拔地區最常見的膜蕨科家族成員。

葉身薄，葉片呈扇形。

膜蕨科檔案

外觀特徵：葉片很薄，除脈以外僅具一層細胞。有些種類在真脈之間還具有假脈。孢子囊群生於葉緣、脈的末端，由管狀或二瓣狀孢膜所保護。

生長習性：常生長在空氣濕度幾近百分之百的環境，霧林或闊葉林林下陰濕的角落是它們的最愛，著生、岩生或地生都有可能。

地理分布：分布於熱帶至暖溫帶潮濕多腐植質的闊葉林，台灣主要分布在低海拔溪谷地及中海拔霧林帶之森林內。

種數：全世界有8屬約600種，台灣有5屬35種。

根莖細長

具有二叉分支的脈型，最末裂片只具一條脈。

孢子囊群長在葉緣且頂生於脈的末端，周圍為管狀的孢膜所保護。

葉柄長約5～15公釐

葉散生在橫走的根莖上，葉與葉之間有一點距離。

穿過葉緣且由孢膜保護的脈

膜蕨科植物的末裂片只有一條脈，孢子囊群就生長在穿出裂片頂端、由脈形成的孢子囊托上，周圍再由管狀或二瓣狀的孢膜保護。而生長在孢子囊托上的孢子囊越老的越靠外側，越年輕的越靠近底部，這種由年幼到年老有一定的排列方式的孢子囊稱為「漸熟型」孢子囊，有別於芒萁或觀音座蓮的「齊熟型」孢子囊，但這兩者都是較原始的蕨類才有的特色。

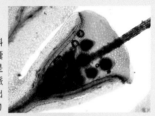

●膜蕨科的孢子囊托其實是裂片中脈往外伸出的衍生物

●團扇蕨喜歡生長在濕度較高的地方，常成群呈墊狀出現。

像風箏骨架的假脈

生態視圖

膜蕨科蕨類因為葉肉既薄且軟，所以有些種類就演化出「假脈」，例如假脈蕨屬裡的假脈蕨群就有這項特徵。這種脈是由厚壁細胞所構成，通常位於真脈之間，有些種類則位於葉緣，其功能就好像風箏的骨架一樣，可以將葉肉撐得比較挺，使光合作用及氣體的交換更有效率，但它並無傳輸的功能。假脈的排列方式也是區別種類的重要特徵。

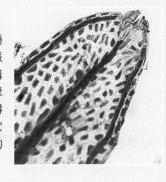

●假脈無輸導的作用，所以和中間的主脈無任何關聯。（圖上沿裂片邊緣的紅線即為假脈）

蚌殼蕨科
Dicksoniaceae

蚌殼蕨科的科名源自於這群蕨類的孢膜不只外形長得像蚌殼一般，就連質地都很堅硬，而一般蕨類的孢膜則都較柔軟。此科另一個很明顯的外觀特徵則是：它們的莖與葉柄基部都長滿了金黃色的毛，所以也稱為金狗毛蕨。本科台灣只有兩種。

觀察台灣金狗毛蕨

台灣金狗毛蕨是台灣的特有種，在北部低海拔地區算是常見的蕨類，喜歡生長在岩壁環境。它的複葉不小，根莖與葉柄基部的密毛呈華麗的金黃色，而羽片基部兩邊不對稱，朝下一側會缺少二至三個小羽片。蚌殼狀的孢膜在成熟開裂時尤其明顯。

●台灣金狗毛蕨常成群出現，在巨岩上或是較多石塊的山坡地尤其常見。

羽片基部朝下一側缺少2～3個小羽片 ●

葉大型，三回羽狀深裂。

蚌殼蕨科檔案

外觀特徵：根莖粗大橫走，半埋於地下，與葉柄基部都密布金黃色至褐色的毛；葉大型，長可達二至三公尺，三回羽狀深裂，葉脈游離；孢子囊群著生於相鄰兩末裂片的凹入處，位於脈的末端，且就在葉緣的位置；孢膜蚌殼狀，將孢子囊群包被在內。

生長習性：常生長於林內較突出的巨岩上，或石塊較多的山坡地。

地理分布：分布於熱帶至亞熱帶山區，台灣產於低海拔地區。

種數：全世界有5屬35～40種，台灣有1屬2種。

葉背呈粉綠色

葉脈游離

孢子囊群長在相鄰兩末裂片凹入處的葉緣，孢膜形似蚌殼，質地堅硬，且朝葉背轉折90度。

每一裂片上的孢子囊群至多2～3對

莖與葉柄基部密布金黃色毛

「金毛狗」的原貌

蕨類與人

過去我們在郊山風景區常見販售一種叫「金毛狗」的小擺飾，一身金黃色的毛，貼上兩只人造眼睛，看起來就像是一隻毛茸茸的小狗般，有人還將這種金毛當作止血傷藥來用！其實「金毛狗」就是台灣金狗毛蕨的一部分：「狗身」是蕨株的地下莖，四隻腳是剪斷的葉柄，有的還有一對耳朵，那是它捲曲的幼葉。一隻「金毛狗」便是一株台灣金狗毛蕨的生命，思及此，大家還買得下手嗎？

●「金毛狗」其實是台灣金狗毛蕨的一部分。

119

桫欏科
Cyatheaceae

台灣的闊葉森林中，常可看到恍如恐龍活躍時期的樹木狀蕨類：大型羽狀的蕨葉、直立的樹幹，像是一支支撐開的綠傘，這是其他國度不容易看到的景象，這些樹木狀的蕨類主要便是桫欏科的成員。

觀察筆筒樹

高大的筆筒樹是北部低海拔森林的常見植物，也是台灣的桫欏科中最為人所熟知的種類。它喜歡生長在潮濕的向陽開闊地，但潮濕又向陽這兩個條件不太容易同時存在，只有台灣北部（偶爾在東部及南部局部地區）因為東北季風的影響，雨量特別多，加上台灣近年來開墾低海拔山坡林地，才促使筆筒樹大量生長。筆筒樹的老葉脫落後，會在樹幹上留下一個個疤痕，整個樹幹看起來像是一條蛇，所以又有「蛇木」這個別稱。

桫欏科檔案

外觀特徵：莖一般非常顯著，粗大且直立，少數種類的莖較不明顯，斜上生長，挺空的樹幹通常單一不分叉，表面密布厚層的氣生根。葉大型，二至三回羽狀複葉，集生莖頂，葉柄基部密布鱗片。葉脈游離。孢子囊群長在突出葉面的孢子囊托上，圓形，脈上生。

生長習性：全部為地生型，生長在林下或開闊地。

地理分布：多分布於熱帶雨林區的高山上，台灣主要分布在低海拔地區。

種數：全世界有1屬約600～650種，台灣有7種。

葉柄黃綠色，基部密布金黃色的鱗片。

幼葉捲旋狀，為金黃色鱗片所保護，宛如毛茸茸的問號。

莖直立，具有明顯的樹幹，基部滿布厚層的黑褐色氣生根。

孢子囊群圓形，孢子囊長在突出
葉面的孢子囊托上，位於裂片側
脈的中央，無孢膜。

葉大型，長可
達三公尺，三
回羽狀深裂至
複葉。

裂片之側
脈游離，
至多僅分
叉一次。

老葉脫落後，在樹幹
上留下略呈三角狀的
橢圓形葉痕。

●筆筒樹喜愛生長在潮濕向陽的山坡地，常成群出現，形成
筆筒樹林的特殊景觀。

台灣是侏儸紀公園

台灣擁有成片的筆筒樹林景觀，還有其他各種樹蕨，類似棕櫚的樹木狀蕨類在侏儸紀時代最興盛，因此有人形容台灣是今日的侏儸紀公園，就地質史與世界地理分布的角度來看，其實都相當特殊。

當二億多年前種子植物出現地球後，樹木狀蕨類因無法與其競爭而逐漸被淘汰，今天世界上可以找到此類植物的地方主要在赤道熱帶雨林地區、海拔大約二千公尺的高山環境，而緯度每增加十度，相似的環境即下降海拔一千公尺左右，到了北回歸線附近更下降至低海拔及平地一帶，可是這個緯度所經

所謂樹蕨

「樹蕨」其實只是一個統稱，泛指一群具有明顯「樹幹」的蕨類，除了桫欏科的大多數種類外，像是烏毛蕨科的假桫欏、蘇鐵蕨和蹄蓋蕨科的過溝菜蕨偶爾也會長得類似小樹狀。它並不是一個自然的分類群。

地區主要屬於沙漠帶或是季節性乾旱、有落葉樹的熱帶森林，都不適合樹蕨類生長，只有台灣北部地區因多雨，具有類似熱帶雨林高山的生態環境，才能孕生出成片的筆筒樹林，重現侏儸紀時代風光。

●狀如棕櫚科植物的筆筒樹，其成林的景觀，令人乍見下，恍如回到侏儸紀。

沒有年輪的樹木

年輪是判斷樹木年齡最好的依據，可是全世界的樹木只有松、杉、柏類及雙子葉木本植物，在莖的橫切面可以看到年輪。年輪的形成是因為這一類的樹木在靠近樹皮的地方有一圈形成層不斷向內分裂細胞，由於秋冬及春夏季所生長出來的細胞大小、顏色都不同，於是產生一圈圈的形狀。

在熱帶雨林中，因為沒有季節之分，所以木本植物看不出年輪，也就不知道它們有多少歲；而筆筒樹則連形成層都沒有，樹幹不會加粗，當然更沒有所謂的年輪了。只會往上長高的筆筒樹要在多颱風的島嶼生存委實不易，幸好在長期的演化過程中，筆筒樹會隨著年齡的增長，由基部往上不斷發展出氣生根，最後形成厚厚一層圍住樹幹，使筆筒樹雖然沒有形成層，卻不易斷裂倒塌。

至於我們如何知道沒有年輪的筆筒樹有多少歲呢？這可以去算算筆筒樹樹幹上有多少個葉痕，再從它一年會掉落多少片葉子去推算。譬如，假設一棵大筆筒樹有一百個葉痕，而它一年掉落十片葉子，如此你就可以推算出這棵筆筒樹有多少歲了。

●從筆筒樹的樹幹橫切面，可以看出它的莖很小，其厚實的外層其實是由諸多糾纏不清的氣生根所形成的。

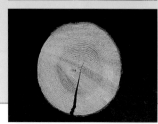

●屬於裸子植物的黃杉，其樹幹橫切面可見顯著的年輪，這是蕨類植物所不具備的特徵。

樹裙的妙用

台灣杪欏與筆筒樹都是台灣最常見的樹蕨類植物，但台灣杪欏不像筆筒樹生長在空曠處，而是長在森林之中；它的老葉也不像筆筒樹一樣會脫落，而只是圍繞著樹冠下垂，彷彿穿著「草裙」般，這些現象的背後其實都有特殊的生態意義。

在亞熱帶或熱帶地區，次生林下層的蔓藤類植物特別多，常常爬到喬木上面，以便爭取更多的陽光，但如此一來，較小的喬木則因被遮光而無法生存，此時，台灣杪欏的「樹裙」就發揮它的妙用了：當蔓藤沿著樹裙往上爬時，蔓藤本身的重量使得樹裙因過於吃重而脫落，自然蔓藤也隨著掉落地上；等到蔓藤再次往上爬時，又有樹裙垂下，靜待下一次進犯。蔓藤爬上來，樹裙又脫落，如此這般，蔓藤永遠沒辦法爬到樹頂上面。所以樹裙可說是台灣杪欏防止蔓藤爬到樹頂「爭光」的重要生存機制。

●台灣杪欏屬於次生林下的小喬木，葉柄長刺、莖頂深褐色，以及其賴以生存的樹裙，是三項主要的辨識特徵。

蕨類與人 筆筒樹的利用

在台灣，筆筒樹是最被廣泛利用的蕨類，像是園藝用的蛇木盆、蛇木柱、蛇木板、蛇木屑等，主要即是利用筆筒樹糾纏交結的氣生根製作而成。過去台灣曾大量外銷，銷路很好，甚至還引起國際保育單位的指責，因為樹木狀的蕨類是侏儸紀的指標，且在國外這類植物相當稀少，大多數國家都將其列為保育類植物。早期，筆筒樹的樹幹有時也被用來做便橋或工寮的支架，今天在鄉下地方還偶爾可見呢！

●等待出售的筆筒樹製品，其價值可能遠甚於未來栽種在上面的植物。

識別錦囊 從棲地分辨杪欏科蕨類

杪欏科蕨類除了筆筒樹及南洋杪欏之外，其他多數都是耐陰性，屬於森林下層的植物，有位於林冠第二層的台灣杪欏；也有位於灌木層和草本層的種類，如鬼杪欏為典型林下灌木層植物，而韓氏杪欏則為典型草本層植物。

以地理分布來看，蘭嶼杪欏顧名思義僅見於蘭嶼成熟森林之灌木層；南洋杪欏僅見於屏東及台東兩縣交界處之浸水營一帶，生長在開闊霧林之空曠處。就數量來看，全台灣數量最多、最常見的種類是筆筒樹和台灣杪欏，鬼杪欏居次。

瘤足蕨科
Plagiogyriaceae

瘤足蕨科被認為是一群較古老的蕨類，因為它的植物體沒有毛也沒有鱗片，而且只生存在熱帶、亞熱帶高山地區的森林中。它們的葉柄基部都具有瘤狀突起，是氣孔集中的地方，很容易辨識，這也是瘤足蕨科科名的由來。在台灣，它們是檜木林帶的指標植物，可惜多數人眼中都只見檜木而已。

觀察
華中瘤足蕨

瘤足蕨科植物一般生長在較高海拔、雲霧環繞的地區，而華中瘤足蕨則是其中少數會下降至較低海拔，也較常見的種類。一如其他種類的瘤足蕨，它整個植物體看起來很光滑，完全沒有毛及鱗片，僅在捲旋幼葉上有長綿毛；它也具有多數本科蕨類都有的「噴泉狀」生長型，即：叢生的兩型葉，營養葉在外圈，並向外側彎曲；孢子葉在中心，直立生長。當然，它葉柄基部的瘤突也很明顯，甚至一直持續分布到基部羽片與葉軸的交接處。

葉兩面同色●

葉柄基部橫剖面為三角形，往上漸趨圓形。●

莖短、直立生長。●

瘤足蕨科檔案

外觀特徵：植株無毛無鱗片；莖短而直立，少數種類具橫走莖；葉柄基部常向兩側展延形成翼狀，通常宿存，並具瘤狀之通氣組織；一回羽狀深裂或複葉，葉兩型，葉脈游離。

生長習性：地生型，喜歡生長在腐植質較豐富的森林下。

地理分布：分布在熱帶、亞熱帶中、高海拔森林下層；台灣主要分布在海拔1800～2500公尺降水豐富的檜木林帶。

種數：全世界有1屬40～70種，台灣有7種。

● 孢子葉羽片革質，孢子囊全面著生，由略微反捲的葉緣所保護，成熟時顏色由綠轉褐。

霧林帶指標

<small>生態視窗</small>

　　瘤足蕨科的蕨類通常生長在熱帶地區三千公尺以上的高山，或亞熱帶地區二千公尺左右的山區雲霧帶，而後者正是台灣檜木最多的地區，所以瘤足蕨科可說是台灣霧林帶的指標植物，看到它時大概也就可以看到雲霧和檜木。

　　台灣有許多第三紀數千萬年前的「孑遺植物」（見P.127），如台灣杉、香杉、紅豆杉等，也都分布於檜木林帶或氣候上類似的地區，至於為何這些具有古老血緣的植物大都選擇檜木林當作棲身之所呢？推測可能是因為台灣目前檜木林的環境極類似數千萬年前第三紀的環境，具有涼爽、潮濕的氣候。而瘤足蕨科竟與第三紀的孑遺植物生長在同樣的環境中，由此可知它也是屬於較古老的族群。所以當我們談檜木林保育之時，千萬不要忘記，除了檜木之外，還有許多重要的物種亦生在其中。

營養葉為一回羽狀複葉，中間及基部羽片具短柄，頂羽片基部常有1～2個裂片。

羽片之側脈游離，最多只分叉一次。

葉柄基部具有突出的白色瘤突，是通氣組織。

●華中瘤足蕨常長在林下富含腐植質且空氣濕度較高之處

125

雙扇蕨科
Dipteridaceae

雙扇蕨科的外形乍看下就像是兩支並排在一起的破摺扇，也像是一把邊緣被撕裂的破雨傘。仔細觀察它的葉和主脈都是兩叉分支的形態，這意謂著它是一支比較古老的蕨類族群，因為二至四億年前，「二叉」是植物普遍存在的現象。目前全世界雙扇蕨科總共只有八種，而台灣則僅產一種。

觀察雙扇蕨

開車經過北宜公路，在較高海拔處常會發現路旁長著一大片綠色的「破雨傘」，它就是別稱「破傘蕨」的雙扇蕨。這種侏儸紀時代之前就出現在地球上的古老蕨類，常在土層淺薄的岩壁成群蔓生，喜歡空氣濕度高卻向陽開闊的環境。台灣除了北宜公路外，也常出現於陽明山國家公園。

●由於雙扇蕨的根莖長且橫走，常發現其成群出現。

雙扇蕨科檔案

外觀特徵：木質化根莖呈長橫走狀，其上密布狹長、質地堅硬之深色鱗片；葉在莖上散生，葉柄較葉片長，葉片呈多回二叉撕裂狀之複葉，第一回分裂最深，幾達葉片基部，其餘之分裂均較淺；主脈亦呈二叉狀分支，細脈結合成網狀，網眼具游離小脈；孢子囊群圓形，遠小於一般真蕨類，散生在葉背。

生長習性：常長在霧氣較重的空曠地區，如路邊坡地、岩壁縫隙或有土壤分化的大石上。

地理分布：分布於東亞南部及東南亞，澳洲及斐濟群島亦曾發現。台灣產於南北兩端低海拔地區的山脊線上，都在東北季風影響範圍內，北部的數量遠大於南部地區。

種數：全世界有1屬8種，台灣僅有1種。

幼葉捲旋，仍可看出扇形的葉片上，密被著金黃色細毛。

木質化的長橫走莖上滿布細長、堅硬的黑褐色鱗片。

● 主脈二叉分支，細脈網狀
，網眼中有游離小脈。

● 孢子囊群圓形，無孢膜，
散生。

● 葉柄比葉片長

葉為多回二叉撕裂
● 的複葉，薄革質。

子遺植物

雙扇蕨科的蕨類被
稱為「子遺植物」，
意即遠古存留至今的
植物類群，因為它們
遠在侏儸紀之前，約
二億四千五百萬年前就出
現在地球上了。當時它們
是屬於全球性分布的類群
，因為科學家在世界上許
多處二億多年前的地層都
曾找到雙扇蕨科的化石；
不過，今天它們的分布範
圍變小了，全世界只分布
在亞洲沿海一線——從日
本南部直到澳洲東北部，
這顯示雙扇蕨科經過二、
三億年的環境變遷，再加
上受到各種新的、更能適
應當今環境的其他植物類
群不斷出現的影響，因而
逐漸退縮所產生的結果。

127

觀察燕尾蕨

燕子的標準造形是像剪刀一樣的尾巴，而蕨類植物中也有類似的二叉葉形，它就叫做燕尾蕨。燕尾蕨科全世界只有一種，所以看到這種樣子的一定就是它。不過，有時二叉葉形不明顯，就必須靠其他特徵來協助辨識了。

燕尾蕨分布在台灣中、低海拔天然闊葉森林的地被層，尤其是林下山坡地，它喜歡生長在不太潮濕的中性環境，像是北部的七星山山坡和烏來等地的稜脊都曾發現其蹤跡；而山谷則是它較不喜歡的環境。台灣的燕尾蕨葉片以不分叉居多，但只要看到革質的卵形營養葉與細長且密布孢子囊的孢子葉，應該就是它了；如果再細察其尚稱顯著的脈相，則更能確認無誤。

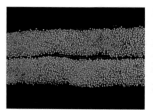

孢子葉厚革質，細長，孢子囊像散沙狀分布在葉背，不具孢膜。

營養葉厚革質，卵形，有些頂端分裂呈燕尾狀。

燕尾蕨科檔案

外觀特徵：根莖短橫走狀，密被黃棕色多細胞毛；葉近叢生，革質，有孢子葉與營養葉之分，營養葉卵形，頂端有的呈燕尾狀；孢子葉細長披針形，孢子囊全面著生於葉背。主脈四條，由葉片基部分出，明顯呈二叉分支；細脈則連結成網眼，網眼中尚有游離小脈。

生長習性：生長在天然闊葉林下坡地，屬地生型植物，偶亦見長在岩縫中。

地理分布：主要分布在東亞及東南亞，台灣則零星分布於中、低海拔山區。

種數：全世界僅1屬1種。

營養葉基部具有四條由葉片基部分出之主脈，細脈呈網狀，網眼內尚有游離小脈。

● 葉柄較葉片長

●燕尾蕨常見生長在林下山坡環境，且常成群出現。

● 根莖短橫走狀，密布黃棕色多細胞毛。

燕尾蕨科的分類地位

演化舞台

　　獨一無二的燕尾蕨科蕨類與全世界的蕨類相比較，以雙扇蕨科和它最接近，最顯著的就是兩者都擁有二叉分支的葉片及主葉脈；此外，還有一些微細的形態特徵，像是：孢子囊之間都可發現毛狀物，又如兩者都具有較短的孢子囊柄，且孢子囊都具有近乎垂直的完全環帶。從孢子囊構造的角度來判斷，燕尾蕨與雙扇蕨應該都歸屬原始薄囊蕨之列，但除此之外，它們在莖的構造、孢子囊的排列方式，以及孢子與遺傳物質方面則大異其趣，因而又分屬不同的科別。

　　燕尾蕨科和雙扇蕨科蕨類也曾一度都被歸為水龍骨科，因為表面上看起來這兩科蕨類與水龍骨科植物也有點像，例如：孢子囊不具孢膜的保護構造，以及葉為網狀脈且網眼中可見游離小脈等。不過後來學者則咸信這兩者與水龍骨科乃是趨同演化的結果，只要檢視其遺傳物質便可分曉。燕尾蕨和雙扇蕨一樣可能都是屬於孑遺的蕨類，它的親朋好友在漫長的演化過程幾乎全部都消失了。

碗蕨科
Dennstaedtiaceae

碗蕨科蕨類的共同點是，所有種類其植株都不具有寬闊的鱗片，大多數在植物體上，尤其是莖及葉柄基部，具有毛茸；而孢膜的形狀則以碗狀和杯狀最多，也有些種類具有反捲的假孢膜或無孢膜。本科有不少是空曠地或次生林下常見的蕨類，也有不少種類具有：基部羽片相當成熟，而葉片上半部仍顯現捲旋狀幼葉的特徵。

觀察粗毛鱗蓋蕨

具有口袋狀孢膜的鱗蓋蕨類，在碗蕨科中，不管是種類或數量都最多；而其中的粗毛鱗蓋蕨，則是低海拔地區空曠的次生林及人工林下最常見的種類。它的葉子，尤其是葉背，摸起來很粗糙，主要是因為葉背的小脈突出葉面之故。在類似的生存環境中還有另一種鱗蓋蕨——熱帶鱗蓋蕨，但前者為二回羽狀複葉，植株較硬挺；後者為三回羽狀複葉，葉片草質，常呈現出垂頭喪氣的外貌。

●粗毛鱗蓋蕨是都市近郊低海拔山區常見的蕨類，葉片的生長姿態較熱帶鱗蓋蕨硬挺。

碗蕨科檔案

外觀特徵： 根莖橫走，多數上覆多細胞毛；稀為莖斜上生長。一至多回羽狀複葉，多數種類具游離脈；孢子囊群靠近葉緣，在一條脈的末端，孢膜為杯狀或碗狀，或在多條脈末端，為由葉緣反捲的假孢膜所保護；也有少數種類不具孢膜。

生長習性： 地生，極少數種類的葉子呈蔓生之藤叢狀，或長在岩屑地的岩縫中。

地理分布： 分布於熱帶至暖溫帶地區，台灣主要產於中、低海拔。

種數： 全世界約有12屬180種，台灣有7屬26種。

葉脈游離 ●

葉背小脈突起，且密布粗毛。●

孢子囊群位在葉緣、一條脈的 ●末端，具有杯形孢膜。

葉表光滑無毛

葉為二回羽狀複葉

幼葉密布多
細胞毛

莖長匍匐狀

從毛與鱗片
看演化脈絡

演化舞台

　　從蕨類身上的毛被物
其實也能看出演化的脈
絡，像是紫萁、瘤足蕨
等科和碗蕨科的稀子蕨屬，
因無真正的毛茸，而被視為
較原始的一群；往後要提的
，如鳳尾蕨、鱗毛蕨、金星
蕨等科，因具有鱗片，被視
為較進化的一群；至於碗蕨
科大部分的種類則因都「有
毛或有毛狀鱗片且全部不具
寬鱗片」，而被視為演化的
中間過渡型，而這點也正是
碗蕨科最重要的特徵。

栗蕨是火山植物？

在陽明山國家公園的噴氣孔附近，最常見的植物除了芒草以外，就是栗蕨了，因此「栗蕨是火山植物」的說法就不逕而走。其實栗蕨是中、低海拔地區常見的碗蕨科蕨類，為什麼火山口環境的栗蕨就特別引人注意呢？因為火山口環境長年為噴氣蒸燻，周圍土地含硫量特別高，呈現極端酸化的現象，一般植物無法在此發育生長，只有栗蕨和芒草對環境壓力的忍耐力特別高，一旦讓它們有機會進駐，由於沒有其他的競爭者，數量就繁衍得特別快，形成極為特殊的景況。

●在極端酸化的土壤上，栗蕨是少數能適應生存的植物之一，由於缺乏競爭者，故常占據廣大範圍。

攀緣性蕨類

在高等植物中，攀緣的現象被認為是演化上較進步的特徵，因為高大的樹木必須投入許多時間與能量才能長到十幾公尺高，而攀緣植物卻可以利用較少的能量，在較短的時間內達到同樣的高度，並進行光合作用。

不過高等的攀緣植物一般都具有極顯著且挺空的莖，而攀緣性的蕨類大部分卻只看到葉子，也就是說，植物體增長的部分是葉而不是莖，因為葉軸的支撐力量遠不如粗大的莖，所以除了海金沙可以長得較高外，其他都呈較低矮的灌叢狀，如芒萁、裡白及碗蕨科的刺柄碗蕨。

刺柄碗蕨在葉柄、葉軸、羽軸等處具有倒鉤，可用來攀爬在其他植物上，加上它具有橫走莖，所以葉子常成群出現並相互糾纏。

●刺柄碗蕨其植物體因具有倒鉤可攀爬至其他植物上面，常成蔓生狀出現。

用心良苦的繁衍術

稀子蕨是碗蕨科中十分珍稀的物種，只挑選生活在中海拔的雲霧帶闊葉林下，全世界僅分布於喜馬拉雅山東部及台灣。它最特別的地方是，葉軸中段會長出像小拳頭般的不定芽，隨著不定芽的成長變重，葉片逐漸被壓彎，直到碰到地面，芽才長根，然後和母株分開，不過，有時候長大的不定芽，當重到某一程度時，也會自行脫落。因為稀子蕨的不定芽不是在葉軸頂端或末段，芽必須長到很大才能碰到地面，而且不定芽的數量也不多，所以這真是一種相當辛苦的生殖法。在溪頭、阿里山等森林遊樂區，我們都可以看到這種為了生存而用心良苦的蕨類。

●稀子蕨的小拳頭狀不定芽常見生長在葉軸的表面，偶爾也會長在羽軸上。

下羽片成熟、上羽片幼嫩的蕨類

識別錦囊

碗蕨科中的栗蕨、姬蕨、蕨和刺柄碗蕨有一個形態上的共同特徵，是世界上其他科蕨類所沒有的，那就是：前述這些蕨類的葉片在發育的過程中，最基部的羽片最先展開，但直到最基部羽片已發育成熟，葉片上半段仍處於捲旋狀的幼葉階段，形成葉片上下非常不對稱的奇特畫面。

●姬蕨和蕨、栗蕨一樣，其葉片最基部一對羽片常先發育成熟，而同一片葉子的其他部分仍維持捲旋狀的幼葉狀態。

小心食用「瓦拉米」

蕨類與人

碗蕨科的「蕨」屬是向陽性的草本植物，主要分布在溫帶地區。台灣則有兩種「蕨」，一種生長在中、高海拔，毛較多；另一種生長在低海拔，植株較為光滑。

「蕨」的幼葉明顯可見三分叉，基部的兩個分叉是較早發育的兩個羽片，剩下的一個分枝是其餘尚未發育的葉片，這三分叉的幼葉在民間常被當作蔬菜而採食，在日本尤其盛行，稱為「瓦拉米」，因為日本是「蕨」的原鄉，所以吃「瓦拉米」早成為日本文化的一部分。不過據報導，日本人罹患胃癌者眾，推斷可能與其長期嗜食「瓦拉米」有關。

●低海拔的焚墾地區常可見「蕨」葉竄出地面，其深埋地下的橫走莖，可說是適應火燒地區所發展出來的生存方式。

133

鱗始蕨科
Lindsaeaceae

顧名思義，「鱗始蕨」就是「開始具有鱗片的蕨類」，它們都具有演化上由毛過渡到鱗片的中間型產物——本質為鱗片，但外形似毛，或稱窄鱗片，這是鱗始蕨科最主要的特徵。此外，它們也都具有開口朝外的孢膜，有別於碗蕨科的是：這些孢膜基部常具有兩條以上的小脈與其相連；而葉子的羽片或裂片其外形變化更是多采多姿，例如扇形、楔形……，令人目不暇給，而兩側極端不對稱的裂片形式，更是其他蕨類所少見。

觀察圓葉鱗始蕨

乍看下，許多人可能會將圓葉鱗始蕨誤認為花市裡常見的園藝盆栽鐵線蕨（見P.138），因為它們兩者都具有扇形的小葉片。其實若仔細觀察會發現：圓葉鱗始蕨的葉柄和葉軸為綠色，不像鐵線蕨是亮褐色至黑色；此外，圓葉鱗始蕨的孢子囊群位於羽片邊緣，由連續不斷且朝外開口的孢膜所保護，與鐵線蕨斷斷續續的孢子囊群由葉緣反捲的假孢膜所覆蓋的情形不同。圓葉鱗始蕨生長在低海拔次生林的邊緣或是林下步道旁的土坡上，較常出現在遮蔭、但空曠的環境。

葉為一回羽狀複葉，羽片扇形。

根莖為短橫走狀，具窄鱗片。

鱗始蕨科檔案

外觀特徵：根莖匍匐狀，其上與葉柄基部被覆極窄鱗片；羽片或末裂片為扇形、楔形或兩側極不對稱形；孢子囊群靠近羽片邊緣，具孢膜，大部分種類至少和兩條脈有關，開口向外。

生長習性：地生，少數會攀爬至樹幹基部。

地理分布：分布熱帶至亞熱帶地區，台灣產於低海拔山區。

種數：全世界有6屬約200種，台灣有3屬18種。

● 孢子葉葉形較窄長，
向上直立生長。

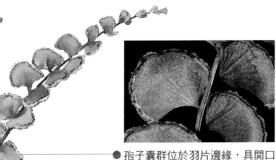

● 孢子囊群位於羽片邊緣，具開口
朝外的孢膜，連續不斷裂。

● 有些個體的孢子葉其基部為二
回羽狀複葉，且羽軸與葉軸垂
直。

● 葉柄與葉軸
綠色

● 營養葉葉形
較寬短，向
外側伸展。

鱗始蕨科「過渡型」的身世

演化舞台

　　鱗始蕨科的蕨類具有兩項在演化上屬於過渡性的特徵：其一是，邊緣生的孢子囊群其孢膜一般是由與一條脈相連，慢慢演變成與兩條脈、三條脈……愈來愈多條脈相連，而鱗始蕨科可以看到全部的變化過程（指本科包含與一至多條脈相連之各種種類），不像其他科只能看到部分，有的只能看到孢膜與一條脈相連，有的則只能看到孢膜與多條脈相連；其二是，植株上的表皮附屬物一般是由單列細胞寬的毛，演變成二至三列細胞寬的窄鱗片，再演化成多列細胞寬的寬鱗片；也就是說，植物體僅具毛而不具鱗片的蕨類，在較進化的薄囊蕨裡是屬於較原始的一群，而植物體具有寬闊鱗片的蕨類，則是屬於相對較進化的一群。而鱗始蕨科擁有的是二至三列細胞的窄鱗片。由以上兩點，可以看出這一群蕨類應是屬於比較原始的一群，但不是最原始的，也不是最進化的真蕨類。

● 圓葉鱗始蕨常見於低海拔次生林下空曠處，尤其是步道邊的土坡上。

鳳尾蕨科
Pteridaecae

「鳳尾蕨」這三個字對一般人應該極為耳熟，因為從日常喝的青草茶到坊間流傳的民歌都常會聽到「鳳尾草」的俗稱。而在實際的生活空間裡，它們也常出現在人類活動的地方，例如都市中的老建築物附近，像是排水溝、磚牆縫或水泥溝縫等；或是近郊人們常去踏青的次生林下也會發現其蹤跡。本科的族群龐大，外觀變化多端，唯一的共通點是：都沒有真正的孢膜，其中大多數種類擁有由葉緣反捲的假孢膜。

觀察鳳尾蕨

鳳尾蕨可說是台灣鳳尾蕨科中最普遍常見的種類，它常著生於岩石縫、磚縫與溝縫當中。外觀稍呈兩型葉，孢子葉較瘦長而直立，羽片具有明顯由葉緣反捲形成的假孢膜；營養葉相較之下則顯得胖短，羽片邊緣有鋸齒。它最大的特色是：其葉軸兩側還長有葉肉，像是翅膀一般，特稱為「翼片」。

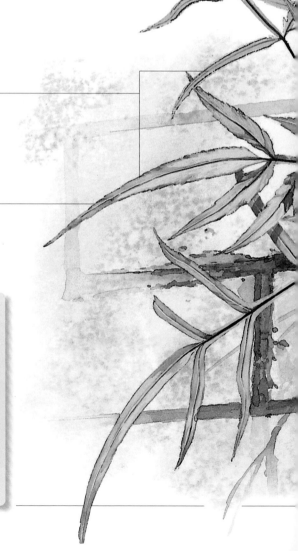

葉為二回羽狀分裂 ●

單一不分裂的頂羽片極為顯著 ●

鳳尾蕨科檔案

外觀特徵：葉形變化極大，單葉至多回羽狀複葉，少數種類葉子呈五角狀；葉脈游離，少數種類具網眼，但內無游離小脈；大多數種類的孢子囊群均位於裂片邊緣，由葉緣特化、反捲之假孢膜所包被，也有一些種類其孢子囊群沿脈生長或是散生於葉背，而無孢膜保護。

生長習性：多數地生型，偶爾著生岩縫、珊瑚礁縫，少部分種類為水生。

地理分布：以熱帶為中心，廣泛分布世界各地；台灣則全島均可見其蹤跡。

種數：全世界有34屬700～850種，台灣則有12屬68種。

● 孢子囊群位於孢子
葉裂片邊緣，由葉
緣反捲之假孢膜所
包被。

● 葉脈游離

● 側羽片僅基部分裂出
狹長裂片

● 葉軸兩側有翼片

●鳳尾蕨常見於都市環境，例如排水溝
及磚牆縫隙，反而在較自然的生態環境
中無法見得。

水蕨與水牛

　　同屬於鳳尾科成員的水蕨是著土型的水生蕨類，通常生活在淺水地區，水淺時植株挺出水面，水較深時則全株沉沒於水中。它主要分布在東南亞的熱帶沼澤窪地，是當地水牛的最愛。由於水蕨葉缺刻處長有白點狀的不定芽，當水牛在田間爛泥裡踩踏打滾或低頭吃草時，水蕨的不定芽即隨之被到處散布，一株變成多株，不知不覺之間便達到了繁衍的目的。水蕨也是東南亞當地居民常食用的蕨類植物。

●水蕨具有兩型葉：孢子葉較高，裂片較狹窄；營養葉則較胖短。

「粉背」求生術

　　鳳尾蕨科不論從形態、演化、生態或是族群數量的角度來看，都是極為龐雜的一個科。而碎米蕨屬則是當中形態較短小精幹，演化傾向適應乾旱環境的一群，其族群數量以美洲地區最多，而台灣則以其中的「粉背蕨」最為人所熟知。

　　「粉背蕨」通常生長在台灣中海拔的岩生環境，至少有四種，它們的葉背都有粉白色蠟質顆粒，當環境缺水時，葉子就會捲起來，將粉白色的葉背翻到上面，不但可使葉面的表面積變小，減少水分散失；也可反射太陽光，降低蒸散作用。

●生長在岩壁上的長柄粉背蕨平時葉片開展，利用綠色葉表行光合作用；乾旱時則葉緣向上並向內反捲，露出粉白色的葉背以降低蒸散作用。

少女的髮絲
——鐵線蕨

　　鐵線蕨是知名的觀葉植物，姿態纖柔卻又富含個性，相當受人喜愛。它們的種類相當多，但外觀具有幾個共通的特點：其一，由於其根莖多半為短匍匐狀，葉的生長方式就顯得較密集，而呈叢生狀；其二，它具有特殊的裂片形態，多為扇形或是極度的兩側不對稱形，全世界的蕨類僅鱗始蕨的小葉與其較相似；其三，它的葉軸深色發亮如鐵絲，所以歐美人士稱其為「少女的髮絲」。再細看它孢子囊的著生位置，正是在葉緣反捲的假孢膜上，沒錯！它是鳳尾蕨科的一員。

●台灣野生的鐵線蕨產於中、低海拔山區，常見長於滴水壁面，且往往成群出現。

書帶蕨科
Vittariaceae

　　書帶蕨科在低海拔的森林可算是常見的著生型蕨類，葉片不是呈長條狀就是湯匙狀，常由著生的土壁、岩縫或樹幹上成片垂掛下來，像是裝飾在大地上的綠色彩帶，這也是它科名的由來。

單葉，呈狹長的帶狀，葉身略彎，質地厚，中脈與柄均不明顯。

觀察姬書帶蕨

　　姬書帶蕨是書帶蕨科中頗為常見的種類，主要生長在低海拔地區林下，或是多雨地區開闊地的岩生環境，偶爾也長在溪澗兩旁的陡壁上。它的植株不大，一般僅約十至二十公分，與其他狹長帶狀的書帶蕨科植物比較起來，顯得嬌小得多，所以稱為「姬」書帶蕨，可說名副其實。

孢子囊群位於線形葉之兩側

在自然狀態下，葉片常呈45度角下垂。

根莖呈匍匐狀

幼葉呈捲旋狀

書帶蕨科檔案

外觀特徵：莖及葉柄基部具窗格狀的鱗片。葉為全緣之單葉，呈長線形或湯匙形，厚肉質。葉脈呈網狀，網眼細長，內無游離小脈。孢子囊沿脈生長或是呈與主軸平行的長線形。孢子囊間具有側絲。

生長習性：岩生或著生樹幹，通常長在森林溫暖潮濕處。

地理分布：主要分布在熱帶地區，台灣主要產於全島中、低海拔較成熟的森林。

種數：全世界有6屬約110～140種，台灣有3屬10種。

●姬書帶蕨常見於低海拔潮濕環境的岩壁上，植物體下垂生長。

水龍骨科
Polypodiaceae

水龍骨科是一個大科，成員眾多。從科名來聯想，最大的特徵即是多數種類都具有如「龍骨」般又粗又長的橫走莖，且與葉柄交接處都有關節。它們的葉形也不複雜，大多數都是單葉，至多為一回羽狀深裂或複葉。值得注意的是，不少種類擁有獨特的生存絕招，十分有趣喔！

觀察台灣水龍骨

台灣水龍骨是以台灣為分布中心的蕨類，通常著生於中、低海拔天然闊葉林的岩石或樹幹上。它的外形也是一般人印象中的標準蕨類植物造形，因為許多書中的蕨類幾乎都是以水龍骨屬為藍本來描繪：簡單的一回羽狀深裂葉片，上面長著一顆顆圓圓的孢子囊群，加上粗粗肥肥、粉綠色的橫走莖與捲旋的幼葉。這，就是台灣水龍骨的模樣！

孢子囊群圓形，不具孢膜，在裂片中脈兩側各排成一行。

成熟的根莖光滑無鱗片，呈粉綠色。

葉脈網狀，網眼中有游離小脈。

葉片為一回羽狀深裂，裂片全緣。

葉與根莖間的關節顯著

葉子脫落後留下火山口般的葉痕

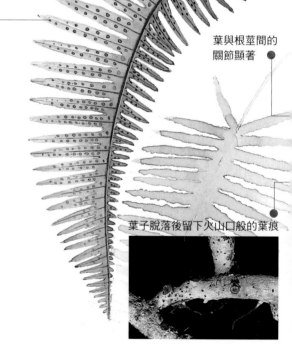

水龍骨科檔案

外觀特徵：孢子囊群有固定形狀，如線形或圓形，不具孢膜，少數種類之孢子囊全面分布於孢子葉之葉背，呈散沙狀排列。根莖多為橫走狀，有些種類甚至形成蔓生的狀態，莖與葉子交接處多有關節。根莖鱗片呈窗格狀。葉形簡單，多為單葉或一回羽狀深裂，至多一回羽狀複葉。葉脈網狀，網眼內有游離小脈。

生長習性：常著生於樹幹、岩石，也有些地生型的種類。

地理分布：主要分布在熱帶、亞熱帶地區；台灣則低、中、高海拔地區都有分布。

種數：全世界有29屬650～700種，台灣有15屬64種。

●台灣水龍骨常生長在中、低海拔闊葉森林裡，著生在樹幹或石頭上。

能行光合作用的匍匐莖

生態視圖

　　台灣水龍骨的莖為匍匐狀，橫行於樹幹或巨岩表面。莖除了分枝甚多之外，上面還有很多小突起，那是葉子因乾旱脫落後所留下的部分，稱為「葉足」，而其斷面有如火山口般，則稱為「葉痕」。

　　台灣水龍骨在久旱不雨時，為了減緩蒸散作用對植物所造成的傷害，通常會有落葉的現象，甚至最後整群植物僅剩根莖。這或許也是台灣水龍骨的根莖呈粉綠色、肉質狀，且不具鱗片保護的主因，因為它是乾旱時賴以生存的主要工具，而這樣的構造才能進行光合作用，也才能貯存水分與養分。到了下個雨季，新葉就會從四面八方的莖頂生長出來。

●乾旱缺水時的台灣水龍骨，常僅留下粉綠色的匍匐莖，且利用莖行使光合作用，製造養分。

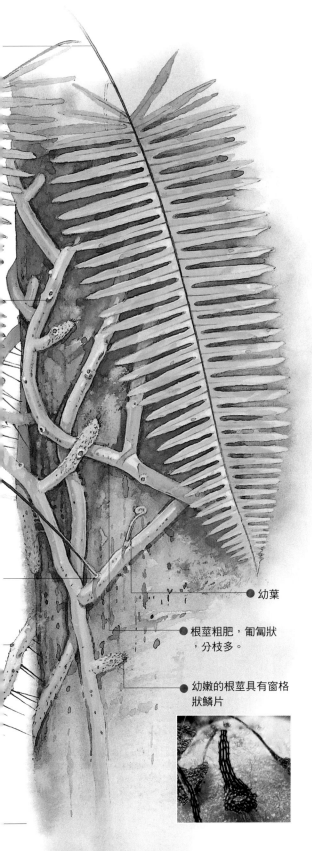

● 幼葉

● 根莖粗肥，匍匐狀，分枝多。

● 幼嫩的根莖具有窗格狀鱗片

朝向著生方向演化的蕨類

水龍骨科從長期演化的觀點來看，是一群適應生長在闊葉森林生態系的蕨類植物，如果再進一步分析它們在森林中所分布的空間位置，更會發現整個科是朝向「著生」的方向發展演化，有高位著生、中位著生，也有生長在森林地被層的蕨類，而後者仍有低位著生的傾向。以下就依水龍骨科在森林生態系的居住位置略做探討。

高位著生：一般都位於森林喬木樹冠層的位置，因距離地面較遠，受風的影響較大，濕度較低，光照也較強，所以此類植物不是具有腐植質收集葉，就是葉柄退化，葉片基部膨大形成類似腐植質收集葉的形狀，加上根莖通常很粗大且密布鱗片，葉片常呈革質，而其植物體又是水龍骨科中最粗壯者，這些構造都可幫忙保持水分，或防止水分散失，崖薑蕨即為一例。

中位著生：一般都位於林冠層以下、灌木層以上的位置，雖然此處的植物沒有粗壯的根莖與高大的植物體，但通常都具有較長而橫走的根莖，關節的功能也頗發達，代表性的植物包括整個水龍骨屬以及肢節蕨、伏石蕨等。

低位著生：大部分水龍骨科的生長位置都在地表或靠近地表，主要是因為這種環境受到地被層植物的保護，一般濕度較高，而這是多數蕨類生存最重要的條件。例如常見的線蕨屬，大多長在森林下的地被層或地被層的岩石上；而三葉茀蕨也是林下岩石地的熟客。

不過也有部分水龍骨科的蕨類，雖然生長環境與森林有關，生長方式也是著生或傾向著生，但卻位於較乾旱的環境，像是森林破空處的岩生環境或是倒木上，石葦屬是此處的代表性植物。

●三葉茀蕨是屬於林下岩石上的低位著生植物

伏石蕨的生存祕訣

伏石蕨是低海拔常見的水龍骨科蕨類，根莖細長，常蔓生在樹幹和樹枝上，有時在建築物的壁面或大石上，亦可見其成群出現。

它的質地肥厚多肉，乍看有如仙人掌，平時可貯存大量的水分和養分，以備不時之需，旱季較長時，葉子就會變得愈來愈薄。其根莖雖然細長，但仍具肉質的特色，且表皮角質層發達，加上外有鱗片保護，所以伏石蕨的根莖也是它度過惡劣乾旱期的最後手段。

另外值得一提的是，伏石蕨為兩型葉，較圓胖的是營養葉，專營光合作用製造養分，其葉面的生長方向與光線垂直相交，較有利於光合作用之進行；較細長的是孢子葉，其主脈兩側具有長線形的孢子囊群，負責傳播與繁殖（也兼營光合作用），它的葉片通常直立，長得較營養葉高，所以當孢子被彈入大氣時，不會受到營養葉的干擾。

●伏石蕨具有較進化的兩型葉構造，孢子葉較瘦長，而營養葉較圓胖，兩者的生長角度不同，功能也不同。

自備資源回收袋的蕨類

因為水分和養分無法自土地直接取得，「著生」本身可說是一

種非常困難的生活方式；而越高位的著生空間，因距離森林的地被層越遠，所受到的保護就越少，例如濕度降低，光照加強，所以高位著生的蕨類必須具備更高強的生存本領才行。

水龍骨科中就有兩群很能適應高位著生環境的蕨類，它們所採用的生存策略是：自備「資源回收袋」，化腐朽為神奇，將看似無用的物質轉化成可供自身生長的養分。

●槲蕨具有一般的葉子及腐植質收集葉，後者具有保護及收集養分的功能。

其中，槲蕨屬的植物在一般葉子與莖交接處附近，會長出一種「腐植質收集葉」的短胖型掌狀小葉子，專司收集順著樹幹流下的水分及養分，初生時為綠色，但數日後即轉變成褐色，顯示行使光合作用不是它最主要的功能。遭逢乾季時，一般的葉子會從基部的關節處脫落，以防止水分過度蒸發，不過枯黃色的腐植質收集葉仍然存留且保護著根莖。乍看下，樹幹或巨石似乎呈現一片死寂，其實它仍蘊藏生機，一場大雨之後又將生意盎然。

而另一群，則是大型的著生植物，包括崖薑蕨和連珠蕨，它們不像巢蕨類只著生在樹幹一側，

●崖薑蕨為一回羽狀深裂，但是基部的數對裂片則僅淺裂，多片葉子疊在一起，把樹幹完全遮起來。

也不像槲蕨類的莖與葉片均朝上生長，而是橫向圍著樹幹繞圈圈，其葉柄極不顯著，葉片基部的裂片明顯變寬且互相重疊，製造出盆狀的腐植質收集空間，可承接上方掉落的灰塵、落葉、雨水及順著樹幹流下來的水分及養分。

石葦的抗旱絕招

石葦是台灣中、低海拔常見的水龍骨科蕨類，通常長在較空曠地區的樹幹或石頭上。石葦屬最大的特徵是植物體密被星狀毛，而石葦亦不例外，其葉表毛較少，呈綠色；而葉背毛較多，初期呈銀白色，後期呈亮褐色。細看石葦葉背的星狀毛，其實是呈多層次排列，因為植物的氣孔多分布在葉背，如果密被毛，則氣體之蒸散速度較慢，植物可保持較多的水分。

除此之外，石葦的葉子質地如皮革，顯然是因為植物體具有較多厚壁細胞或厚角細胞，或是細胞排列較緊密之故，如此亦可防止水分過度蒸散。更甚於此者，石葦還有其他的耐旱裝置，例如在長期乾旱的情況下，淺色葉背的葉緣會朝上並朝內反捲，一方面可反射太陽光，另一方面可減少蒸發散面積。

最後如果這些策略都不可行，則可利用水龍骨科的共同特徵──關節，將葉片脫落，以永後後患，不過如此一來也就無法行光合作用、繼續製造養分了，自此進入休眠期，等待下次雨季的來臨。

●（上）長在開闊環境的石葦。（下）石葦遇長時間乾旱，會將顏色較淡的葉背朝上翻捲，一方面反射太陽光，另一方面可減少蒸發散的面積。

禾葉蕨科
Grammitidaceae

在海拔八百到二千公尺左右闊葉霧林地區的樹幹上，總是密密麻麻地布滿了蘚苔植物，而在這些蘚苔叢中，會發現有一群披著紫褐色多細胞長毛的小型植物生長其中，它們就是禾葉蕨科的蕨類。對生態環境的選擇非常挑剔的禾葉蕨科，與瘤足蕨科同為台灣霧林地帶的指標，不過前者位於海拔較低的闊葉霧林，而後者則位於海拔較高的針闊葉混生林。由於山坡地的開發，有雲霧的闊葉林環境愈來愈不容易維持，所以禾葉蕨科都是屬於較稀有的植物。

觀察蒿蕨

蒿蕨是禾葉蕨科中分布較低、較容易見到的一種，在溪頭、烏來等溫暖濕潤的闊葉森林裡就可以發現它的蹤跡。它是屬於「低位著生型」的蕨類，通常著生於樹幹的基部或林下的岩壁上，因為森林較低下的位置空氣濕度會較高，而且變動性也會較小，較適合這種對環境挑剔的蕨類生存。

莖短橫走狀，具褐色鱗片。

葉柄具有射出狀的紫褐色多細胞毛

禾葉蕨科檔案

外觀特徵：多數為十公分以下的小型著生植物；葉形簡單，多為單葉，全緣或一回羽狀深裂，稀為二回羽狀深裂；葉脈游離；全株具紫褐色多細胞毛，尤其在葉柄基部特別明顯；孢子囊群多為圓形或橢圓形，不具孢膜。
生長習性：多著生於樹幹上之苔蘚叢中。
地理分布：分布於熱帶高山地區有雲霧的森林裡，有時亞熱帶及暖溫帶山地多雲霧的森林裡也有可能看到。台灣為本科植物分布之北緣，主要產於南部地區海拔800至2000公尺有雲霧的闊葉林。
種數：全世界至少有10屬445種，台灣有6屬18種。

地理界碑

生態視窗

禾葉蕨科主要分布於熱帶雨林地區的高山，通常生長在濕度較高、環境變動較少的地區，而這種環境在整個熱帶的範圍其實也不多見，所以該科的植物基本上都較稀有，台灣當然也不例外。另外從該科在世界的地理分布來看，東南亞高山是其分布中心，而台灣則為其分布的北界。一般而言，分布範圍的邊界其生長條件對物種通常已不太健全，因此種類及數量自然比較少。所以台灣許多種稀有的禾葉蕨科植物都出現在屬於熱帶範圍的南部，例如大武山區具有雲霧的闊葉林，而非北部地區。

令人深思的是，台灣有不少種稀有蕨類也都同時分布於東南亞與台灣南部，推測可能是颱風將僅一個細胞重的孢子自南方吹送至此之故，而這些熱帶的種類恐怕也無法生存於冬天溫度較低的北部地區。

●孢子囊群圓形，稍下陷於葉肉中，不具孢膜。

●葉脈游離

葉為一回羽狀深裂，葉身朝葉柄基部延伸。

葉片呈薄革質

●蒿蕨多生長在林下樹幹上或石頭上，尤其喜好苔蘚密生的環境。

金星蕨科
Thelypteridaceae

金星蕨科算是一個大家族，成員眾多，但長相近似，辨識的難度頗高。而且其中有不少是被視為雜草性的種類，四處可見，彷如大自然的背景音樂，幾乎讓人忘了它們的存在。不過若是在路邊看到一群二回羽狀分裂的蕨類，顏色黃綠，葉片軟軟的，像是發育不良或是沒曬太陽似的，那大概就是金星蕨科植物了。

觀察密毛小毛蕨

在次生林的空曠處、山坡邊、學校的水溝旁，甚至社區公園與家中的庭院裡，都能發現密毛小毛蕨的蹤影。它具有多數金星蕨科蕨類的特徵：柔軟的二回羽狀裂葉與圓腎形的孢膜；而葉面上的軟毛、小毛蕨脈型、略微下撇的基部羽片，以及孢子囊群常緊貼羽軸這幾點，則很容易洩露它身分的祕密。

孢子囊群圓形，長在脈上，孢膜圓腎形。

小毛蕨脈型

金星蕨科檔案

外觀特徵：葉形大多為二回羽狀分裂；葉上表面羽軸如果有溝，也與葉軸的溝不相通；植株具單細胞針狀毛，甚至鱗片上亦見其分布；孢子囊群多為圓形，長在脈上，大多具有圓腎形孢膜。

生長習性：地生型，莖短直立或匍匐狀生長。

地理分布：主要分布在熱帶、亞熱帶地區，台灣主要產於低海拔地區之林下、林緣及破壞地。

種數：全世界有20多屬800～900種，台灣有15屬46種。

最下羽片稍短、下撇。

莖短橫走狀

葉柄密布短針狀毛，基部有褐色鱗片。

葉叢生

●密毛小毛蕨是郊外常見的雜草之一，其生存幅度頗大，能適應許多種人類開發出來的生態環境。

小毛蕨脈型

兩相鄰最末裂片的最下側脈相連結，並由連結點向裂入處基部伸出一脈，同時也連結其餘側脈，其外形就像賓士汽車的標誌「人」一般，此脈型即稱為「小毛蕨脈型」。全世界的蕨類中，小毛蕨脈型主要出現於金星蕨科及蹄蓋蕨科的菜蕨類（前者孢子囊群為圓形，而後者為線形），不過並非所有金星蕨科的成員都具有這種脈型。

羽軸表面有溝，但與
● 葉軸的溝不相通。

● 葉面密布透明
的短針狀毛

● 葉為二回羽狀
分裂，葉片卵
狀披針形，頂
端漸縮。

在氾濫河岸討生活的星毛蕨

生態視圖

同樣具有小毛蕨脈型，外形也近似小毛蕨類的星毛蕨，主要生長在河床礫石堆中的沙地，或是沼澤濕地邊的泥灘地上。在大水過後，河岸沙灘上的植物多半會被沙土淹沒，但星毛蕨自有一套適應河岸氾濫環境的生存方法。由於星毛蕨的每一個羽片基部都可以長出新芽，因此在母株的葉軸上一下子就可以同時長出許多子株，各自向上長葉向下長根，除了可以獨立生活外，也可以彼此藉著母株的葉軸相連糾結，繁衍的效率比根莖大得多，而且未被埋在土裡的葉子仍可行光合作用，支援被掩埋的其他個體，所以很容易在大河岸邊生存。

●星毛蕨常成群出現，個體不易區分，乍看下彷如雜草般，毫無章法可循。

鐵角蕨科
Aspleniaceae

鐵角蕨科中，以常被當作園藝植物及野菜的巢蕨類最有名，它們的外觀特殊，一片片長長的葉子圍成一圈，就像是築在樹枝上的鳥巢，遠看又像樹上開花，所以又有「山蘇花」這樣的別稱。其實整個鐵角蕨科植物的外觀變化很大；生活環境更是大異其趣，除了樹幹上，地上、岩壁、土壁等處，都有它們的蹤跡。唯一的共通點是，它們都具有長形的孢膜，且每一條脈至多僅有一個孢膜。

觀察南洋巢蕨

南洋巢蕨又稱為南洋山蘇花，其嫩芽是近年來很風行的野菜「炒山蘇」的素材之一，據說「吃山蘇」的習慣起源於花蓮的阿美族。南洋巢蕨屬於熱帶性的著生蕨類，生長在低海拔的天然闊葉林中，常著生於樹幹上，有時在砌石的牆上也會發現它像個綠色鳥巢般的獨特身影。

●南部低海拔山谷地是南洋巢蕨最喜歡的環境，在較成熟的森林裡，一棵大樹幹就像公寓一般，住滿了巢蕨。

單葉，葉表有蠟質。

葉片呈覆瓦狀排列

葉柄不顯著

鐵角蕨科檔案

外觀特徵：葉形從單葉到多回羽狀複葉都有。孢膜長形長在脈上，其生長角度與最末裂片的中脈斜交。葉柄基部與莖頂有窗格狀的鱗片。

生長習性：地生、岩生或著生，都與較潮濕的森林有關。

地理分布：廣泛分布全世界各地，但多數種類集中於熱帶至暖溫帶地區；台灣主要產於中海拔的暖溫帶闊葉林。

種數：全世界有1屬約720種，台灣有44種。

● 孢子囊群及孢膜呈長線形，
長度不超過中軸到葉緣的一
半，和葉的中脈斜交。

● 側脈單一或僅分叉一次，末
端連合成與葉緣平行之脈。

● 葉背中脈有隆
起的稜脊

比較三種巢蕨

台灣有三種巢蕨類植物，即巢蕨、台灣巢蕨與南洋巢蕨，乍看三者頗為相似，但仔細觀察，其中巢蕨的孢膜最長，幾乎由中脈長達葉緣或至少三分之二處，而台灣巢蕨與南洋巢蕨則僅占三分之一或不到二分之一的長度；此外，南洋巢蕨葉背中脈基部有隆起的稜脊，其他兩者則無。從海拔分布來看，巢蕨是屬於海拔較高的暖溫帶植物，台灣巢蕨為較低海拔的亞熱帶植物，而南洋巢蕨則為分布於北部平地與南部低海拔的熱帶植物。

從以上二點，即可輕易區分三種巢蕨。

●巢蕨是中海拔闊葉林的指標植物，葉表不呈波浪狀，葉片也比較剛硬；孢膜長度由中脈長達葉緣或至少2/3處。

●南洋巢蕨是熱帶地區的指標植物，在台灣以南部數量較多，特徵是葉背中脈有稜脊，孢膜長度不超過中脈到葉緣的1/2。

●台灣巢蕨是亞熱帶闊葉林的指標植物，葉緣常呈波浪狀，外圍的葉子常下垂；孢膜長度占中脈至葉緣的1/3到1/2。

自助助人的巢蕨類植物

生態視圖

　　有許多學者都認為鐵角蕨科是一群很現代的蕨類植物，除了有許多雜交種外（雜交代表「種化」不完全，種群還在演化當中），巢蕨類的高位著生現象，亦有人解釋為較晚近才演化出來、為適應較惡劣環境的一種演化趨勢，例如林下地被層空氣濕度較穩定，而林冠層則變化較大，只有具特殊本領的生物才有辦法存活，而巢蕨類和蘭花都是其中的佼佼者。

　　巢蕨類植物的莖很短，葉片叢生，比較特別的是它的葉表具有蠟質，葉柄短而不顯著，且一片疊著一片，如覆瓦般排列成一圈，每年更由中心點長出新葉，加上老葉凋萎後其基部則宿存，於是整個植物體交織成多層次且密不透風的大鳥巢。這種生長形狀有助於接收來自上方的雨水、落葉、空氣中的灰塵及其他有機物質與礦物質。鳥巢狀結構的底部中心即莖頂生長點，這部分被覆著許多鱗片，除了具有保護幼芽的功能外，尚可保存水分，植物體所收集到的腐植質也是貯藏

●巢蕨類植物之基部常累積大量腐植質，因此也提供其他同類或不同類植物做為生長的空間。

於此，使得生存所需不虞匱乏，甚至可以供養其他植物，像是垂葉書帶蕨、黃鱗鐵角蕨、帶狀瓶爾小草等，常都是座上客。

生態等價種

　　著生於樹幹上的巢蕨類植物主要產於熱帶亞洲地區，而美洲亞馬遜河熱帶雨林的樹幹

上，也有看起來像巢蕨的著生植物，不過不是蕨類，而是一群屬於鳳梨科的種子植物，它們的短直立莖上也是長著類似的一叢葉子。生活在極為不同的地區，然而其生長環境卻很相似，其棲息空間及長相也都很類似，像這樣的種類在生態學上稱為「生態等價種」，意指它們在生態功能上的價值是相等的。巢蕨類和鳳梨科都可以在熱帶雨林生態系的森林高處扮演協助收集及製造養分的角色，同時對生物多樣性及物質循環，也都能提供一定程度的貢獻。

　　其實在小地區裡也有可能發現成對的生態等價種，以台灣為例，低海拔廣泛分布的崖薑蕨與恆春半島的連珠蕨，另一種低海拔廣泛分布的筆筒樹（見P.120）與浸水營的南洋桫欏，都是一對一對的生態等價種，其生態地位與功能也都很相似。

●亞馬遜河熱帶雨林樹幹上的鳳梨科植物是巢蕨類的生態等價種，其葉質地較厚且具蠟質表皮，葉基部長成筒形，可貯存水分，因此可生長在森林高位缺水處。

烏毛蕨科
Blechnaceae

一般人的印象中，蕨類的葉子都是綠色的，頂多只是深淺之別，或是幼葉較偏鮮嫩的黃綠色而已。但烏毛蕨科的幼葉卻都會呈現美麗的暗紅色，表面還透著油亮的光澤！最有趣的是其中的東方狗脊蕨，它的葉片上滿布數量極為龐大的不定芽，這可是除了孢子繁殖之外，更容易擴張地盤的一種生存策略，全世界的蕨類都不容易看到這種現象喔！

烏毛蕨科檔案

外觀特徵：葉為一回羽狀深裂至二回羽狀深裂，幼葉呈暗紅色。孢子囊群長形，位在脈上，與末裂片的中脈平行；絕大多數具有孢膜，且開口朝向中脈。多為游離脈，有的僅在末裂片中脈兩側各有一排網眼，也有形成多排網眼者，但網眼中無游離小脈。
生長習性：地生型，少數種類具直立莖。
地理分布：泛世界分布，但歧異性最大的地區為東南亞；台灣主要產於中、低海拔森林中，少數種類位於林緣。
種數：全世界有8屬180～230種，台灣則有3屬11種。

觀察東方狗脊蕨

東方狗脊蕨生長在低海拔天然林寬闊的溪谷地邊緣，像是台北近郊的烏來、四獸山等地的山溝邊或潮濕山壁上，就常可見到它的芳蹤。東方狗脊蕨葉子非常大型，長可達二至三公尺，常由山壁向下垂。它最搶眼的特徵是：葉表滿布著略小於指甲大小的「不定芽」，由於長在溪澗旁邊，不定芽成熟後就一個個掉到水面，像小船一樣，順著水流漂到他處，靠岸即長出新的植株。

葉片二回羽狀深裂，裂片細長，羽片基部朝下一側常會少1～3個裂片。

葉表面有不定芽，顏色由紅轉綠。

● 孢子囊群長條形，長在最末裂片中脈兩側網眼邊緣的脈上，與中脈平行，孢膜開口朝向中脈。

● 葉片先直立再下垂

幼葉暗紅色，隨著成熟度，逐漸由紅轉綠。

● 莖短橫走狀，斜上生長，葉叢生。

●東方狗脊蕨喜歡長在溪谷旁的土壁或岩壁上，葉片經常下垂。

具有直立莖的烏毛蕨科蕨類

識別錦囊

　　台灣具有直立莖的蕨類種數並不多，主要多侷限於桫欏科，以致一般人都認為具有直立莖的蕨類就是桫欏科成員。其實並不盡然，像是烏毛蕨科就有兩種蕨類具有挺空顯著的直立莖，一種是蘇鐵蕨，另一種則名為假桫欏。

　　蘇鐵蕨，顧名思義長得就像蘇鐵，具有壯壯矮矮的直立莖，莖頂叢生著許多一回羽狀的葉子，全台灣它只出現在惠蓀林場的松風山一帶，是世界級的稀有植物。而假桫欏從名字也可知它長得像桫欏科植物，外形似侏儒狀的台灣桫欏，莖高約三十至五十公分，而莖粗僅一至二公分，莖頂有叢生的二回羽狀深裂的葉子，在台灣只生長在屏東與台東交界處、海拔約一千至一千五百公尺、有雲霧環繞的山區，屬於熱帶雨林高山環境植物；台灣之外，僅零星出現在東南亞一帶。

●外形長得像蘇鐵的蘇鐵蕨，台灣目前主要分布在惠蓀林場的松風山一帶，長在松林下開闊處。

153

骨碎補科
Davalliaceae

骨碎補科蕨類的特徵和水龍骨科很相像，例如：它們大部分種類都是著生植物，同樣具有肥大的根莖，葉柄與根莖之間都有關節，葉子掉落後在根莖上皆會留下一個像火山口般的葉痕。不過仔細看，兩者的差異也不少，像是骨碎補科的葉形較複雜，葉片普遍較厚、較硬等。所以如果看到樹幹上著生著具有粗肥根莖的蕨類，葉子不超過一回的，不妨猜它是水龍骨，裂很多回的應該就是骨碎補了。

觀察杯狀蓋骨碎補

杯狀蓋骨碎補具有骨碎補科的各項典型特徵，其孢膜呈杯狀，這也是它種名的由來。另外它還有個有趣的俗稱——「兔腳蕨」，因它布滿銀白色鱗片的根莖看起來就像是兔子的腳一般，令人印象深刻。它主要著生於低海拔森林的樹幹或岩壁上，屬於極端適應乾旱環境的蕨類。

●杯狀蓋骨碎補常見長在較乾旱地區的岩石上或樹幹上

孢子囊群靠近葉緣，孢膜寬杯狀，基部只與一條脈相連。

三回羽狀複葉，葉質地較厚。

葉片

葉柄

基部羽片的最下朝下小羽片較長，整體葉形呈五角形。

葉片的長度比葉柄稍長

根莖約手指粗，滿布銀白色、呈貼伏狀的鱗片。

葉柄基部與根莖的交界處有關節

具有關節的蕨類大集合

有些植物在莖與葉子的交接處附近，或是羽片與葉軸交接處，甚至在葉柄上或葉柄與葉片交接處長有關節，當環境產生變化時，植物體可將廢棄物排到關節外，然後在關節處形成與兩邊細胞構造與形態都不一樣的「離層」，防止水分過度蒸發散及有用物質的流失，必要時還會由此處斷裂，將葉子脫落，以杜絕後患。

在蕨類中，有許多種類，有的甚至整個科都具有關節，而這種構造是近代蕨類得以生存於較乾旱環境的主要手段。

在演化的過程中，關節的位置會稍有變化，也有些種類甚至有關節的外貌，卻沒有關節的功能。

類　群	關節位置	功　能	斷裂結果
水龍骨科	葉柄和根莖交接處	乾旱時斷裂	只剩下根莖
骨碎補科	葉柄和根莖交接處	乾旱時斷裂	只剩下根莖
腎蕨科	葉軸和羽片交接處	乾旱時斷裂	可見叢生的葉軸
藤蕨屬	葉軸和羽片交接處，以及葉柄與根莖交接處	乾旱時斷裂	可見葉軸或僅見根莖
篠蕨屬	葉柄靠近基部處	乾旱時斷裂	只剩下根莖，且殘存一小段葉柄
岩蕨屬	葉柄靠近基部處，關節斜生	乾旱時斷裂	常見叢生的一小段葉柄
羽節蕨屬	葉柄和葉片交接處	無功能	無斷裂跡象
粗齒紫萁	葉軸和羽片交接處，通常是孢子羽片才有功能	孢子散出後掉落	可見葉軸上少掉若干羽片

骨碎補科和水龍骨科差異對照表

骨碎補科與水龍骨科蕨類都有著生的傾向，只是前者較傾向乾旱的環境，後者則較適應潮濕的森林。

兩者在外觀上亦有相近的特徵，例如：較長的根莖以及根莖與葉柄交接處具有關節，野外相遇時，除了觀察周遭的環境特徵之外，不妨檢查以下四個相異點，應可輕鬆區分。

差異點＼科別	骨碎補科	水龍骨科
根 莖	通常密被鱗片	鱗片排列較鬆散或早落
葉 形	三回羽狀複葉，罕見一至二回	單葉至一回羽狀深裂，至多一回羽狀複葉
孢 膜	腎形、杯形或管形	無
脈 型	游離脈	網狀脈，網眼內有游離小脈

骨碎補科的乾生適應

骨碎補科蕨類在朝向適應乾旱的演化趨勢下，它的葉子一般偏厚、硬，根莖也較粗大，可以貯存較多的養分和水分；部分種類莖內還具有厚壁細胞，厚壁可以保護柔軟的細胞膜及其內含物，同時也能降低外在環境的影響。

骨碎補科根莖上的鱗片非常發達，一方面除了能保護幼嫩的莖頂並減少水分喪失外，也可以在雨季時利用鱗片間空隙貯存水分。而就如同水龍骨科一般，它適應乾旱的絕招就是：利用葉柄與根莖交接處的關節將葉子脫落，使蒸發散降至最低的程度，以度過難關。

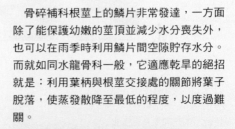

●海州骨碎補的根莖具有棕色鱗片

●長在暖溫帶闊葉林的海州骨碎補，常占據較乾旱的生態位置，例如岩石上或樹幹上。

腎蕨科
Nephrolepidaceae

早期鄉下的小孩常在開闊地的岩壁或土壁上，找尋所謂的「鐵雞蛋」來當作零嘴，其形狀有如長毛的褐色小雞蛋，僅約拇指指甲般大小，其實它就是腎蕨的塊莖，用來貯存水分及養分，以備不時之需。這種特殊的構造在全世界的蕨類中，僅出現在少數幾種腎蕨科植物身上。腎蕨科的共同特徵——它們都是一回羽狀複葉，羽片基部都具有關節，所以當乾旱缺水時，羽片即紛紛掉落，最後只剩下一枝挺立的葉軸。

觀察腎蕨

腎蕨普遍生長於全台低海拔地區，例如開闊的人工造林地地被層及林緣、產業道路的邊坡，甚至於都會區的圍牆及排水溝、老建築物的壁面、庭園中棕櫚科植物的葉柄基部等，都可見其蹤跡。就如同其他腎蕨科的植物，它也同時具有直立莖與匍匐莖，總是一叢叢成片地生長。最特別的是，在比較乾旱的環境，它還會長出貯藏水分和養分的祕密武器——塊莖，所以，它可說是全世界少見、一個個體卻同時擁有三種莖的植物。

一回羽狀複葉，羽片無柄。

羽片基部上側有突出之葉耳，在葉背可見葉耳將葉軸全部遮蓋。

羽片基部與葉軸間有關節，缺水時羽片會掉落。

腎蕨科檔案

外觀特徵：個體同時具有直立莖及匍匐莖。葉為一回羽狀複葉，羽片和葉軸間有關節。葉脈游離，孢膜腎形或圓腎形，位於各組小脈的前側小脈末端。

生長習性：每一種都同時具有地生及著生的習性；因具匍匐莖，所以常成群出現，又因有短直立莖，所以群體是由叢生的個體連結而成。

地理分布：分布於全世界熱帶至亞熱帶，而以東南亞為分布中心，台灣則常見於低海拔地區。

種數：全世界有1屬約30種，台灣有3種。

●腎蕨由於具有匍匐莖，所以在野外常見其成群出現。

● 孢子囊群位於二分叉側脈之前側小脈末端，靠近葉緣，孢膜腎形。

● 靠近葉緣之小脈頂端有泌水孔

被數個葉柄包被住的
● 短直立莖

● 橢圓形的塊莖，上有淡色鱗片。

● 匍匐莖

腎蕨的四項生存法寶

整體而言，腎蕨科的植物都有傾向適應乾旱環境的發展趨勢，有許多種類都是當地生態環境的先鋒型植物，具有各種特殊的耐旱機制。以下就以台灣常見的腎蕨為例來說明。

腎蕨能在短時間內占據一大片空間，而且在條件不好的環境也能適應得不錯，這是因為它具有四項生存絕招：關節、泌水孔、葡萄莖與塊莖，其中前三項是腎蕨科的共同法寶，最後一項可就是腎蕨的獨門祕器了。

關節

因葉軸跟羽片交接處有關節，所以羽片很容易脫落，缺水的時候，它就利用關節將所有的羽片落盡，以減緩蒸發的速率。

泌水孔

在羽片小脈的末端有泌水孔，當腎蕨生長在礦物質較多的環境時，吸入植株體內的礦物質成分會在水的攜帶之下，經由這個泌水孔釋出體外。葉子上的白點，就是釋出的水分蒸發後，所留下來的礦物結晶。

葡萄莖

腎蕨會在一叢直立莖旁延伸出一條條的葡萄莖，遇到適合的環境即長出新芽，接著發展成短直立莖及一叢葉子，新植株再長出葡萄莖，如此不斷重複，最後就形成一大片腎蕨族群。

塊莖

如果碰到比較惡劣的環境，例如乾旱的岩石地，腎蕨就可能由葡萄莖長出一個俗稱「

鐵雞蛋」的橢圓形塊莖，裡面有養分跟水分，可以幫助植物度過難關。

●腎蕨的塊莖長在葡萄莖上，具有橢圓形的外表，裡面則貯存水分及養分。

「人擇」下的變異品種
——波士頓腎蕨

全世界的腎蕨科植物應該都是一回羽狀複葉，可是為什麼我們在花市或園藝店裡最常見的腎蕨科植物卻是多回羽狀複葉、甚至葉子分裂細如同蕾絲一般呢？原來這些泛稱「波士頓腎蕨」的園藝蕨類其實是變異品種，雖然它們羽片的變異形態有數種之多，但卻都出於同一起源，即產自熱帶美洲的劍葉腎蕨（*Nephrolepis exaltata*），該種因容易栽培於室內，於十九世紀時成為溫帶地區受歡迎的室內植物之一，而人們首次注意到其變異，則是1870年在一批由費城運往波士頓的劍葉腎蕨中發現的，因此被命名為「波士頓腎蕨」，其他所有腎蕨科的變異也都是1870年後由劍葉腎蕨的族群中陸續被發掘出來的。一般人習以「波士頓腎蕨」稱呼這些細裂多變的園藝品種。

由波士頓腎蕨的例子可以看出，一種植物的族群經常可能產生變異，但是如果沒有人為的因素介入，這些所有的變異可能就沒有機會大量發生，因為這些變異品種都不長孢子囊群，只能靠無性繁殖。所以「人擇」在近代生物演化史上可說扮演著極為重要的角色。

●雖然名為波士頓腎蕨，可是它的原產地並不是美國，而是熱帶美洲地區，起因是細裂的變易品種在波士頓首次被發現。

蓧蕨科
Oleandraceae

蓧蕨科蕨類和水龍骨、骨碎補等科一樣,都具有發達的根莖,葉柄基部也都具有關節,必要時整片葉子會脫落,僅留下根莖。不過,蓧蕨科的根莖比起其他兩科更為發達,常呈纏繞或攀爬狀,在樹幹或樹枝上占據較大的範圍。蓧蕨科在台灣的種類不多,數量也很稀少,主要是因為台灣的蓧蕨科植物都生長在較原始的森林中,而這種環境目前所剩不多之故。

觀察藤蕨

藤蕨生活在低海拔較原始的森林中,常在林下地被層發育,初始為地生的蔓生型植物,但它的根莖會逐漸從地面往樹幹上攀爬,枝條則四處纏繞。如果在野外發現一種類似腎蕨蕨葉的植物爬上樹幹,且又不像腎蕨般成叢生長,不要懷疑,它就是藤蕨。由於藤蕨對生長環境非常挑剔,必須是非常成熟的森林才行,而今天的低海拔已少有這種環境,所以「藤狀腎蕨」已不容易看到了。

●藤蕨生活在潮濕且腐植質豐富的環境中,常貼伏樹幹向上攀爬。

●孢子囊群位在二叉側脈之前側小脈末端,孢膜圓腎形。

有獨立的頂羽片

一回羽狀複葉,羽片幾乎無柄。

葉片在根莖兩側互生

羽片與葉軸間也有關節

葉柄基部有關節

蓧蕨科檔案

外觀特徵:單葉或一回羽狀複葉,葉柄上具有關節,如為一回羽狀複葉,羽片基部亦有關節;孢子囊群圓形,長在脈上或在小脈頂端,通常有圓腎形孢膜保護。

生長習性:根莖可由林下土壤中攀爬上樹,並纏繞樹幹與樹枝。

地理分布:分布於熱帶、亞熱帶及溫帶地區,台灣產於中、低海拔較原始之森林中。

種數:全世界有3屬53～56種,台灣有2屬2種。

蘿蔓藤蕨科
Lomariopsidaceae

有人稱蘿蔓藤蕨科為「留在熱帶雨林中的蕨類」，因為本科大部分的屬都生活在潮濕、腐植質較豐富的雨林地被層，有的種類會由林下地表攀爬上樹，只有一個屬生活在雨林的高山地區，因為對生長環境的挑剔，所以在溫帶地區極為少見。本科植物的生長方式、葉形及脈型的變化雖然很大，但都具有一項共通點，即孢子囊都呈散沙狀，全面著生於葉背。

觀察海南實蕨

海南實蕨及其同屬的蕨類有個很神奇的別稱叫做「走蕨」（walking ferns），也就是「會走路的蕨類」！植物怎麼走呢？原來，它們的頂羽片末端都有一個不定芽，碰到地面之後就長出根和葉，而且還會和原來的植株相連一段時間，之後第二株的芽又碰到地上，也長出一棵新植株，這樣連續不斷往外擴張地盤，看起來就像一步一步往前走似的。

●海南實蕨常見長在溪谷地區的岩石上或土坡上

營養葉為一回羽狀複葉，頂羽片顯著。

羽片邊緣具有圓齒，葉緣凹入處有刺狀突起。

不定芽落地後，長出新的植株。

蘿蔓藤蕨科檔案

外觀特徵：橫走莖；單葉或一回羽狀複葉；孢子囊呈散沙狀，全面著生於葉背。

生長習性：著生於樹上或石頭上；偶為地生，橫走莖由林下地表攀爬至樹上。

地理分布：廣泛分布於熱帶地區；台灣則產於中、低海拔森林中。

種數：全世界有6屬約520種，台灣有3屬15種。

孢子囊如散沙般全面著生於葉背 ●

何謂實蕨脈型？

　　所謂「實蕨脈型」，是指在羽軸的兩側具有弧脈，弧脈上方又會伸出一至少數幾條小脈的脈型，通常主側脈之兩側也會有相同的情況發生。除了海南實蕨外，還有其他實蕨屬的植物也具有類似的脈型，但並非所有實蕨屬都有此特徵。因全世界的蕨類僅實蕨屬具有這種脈型，故稱為「實蕨脈型」。

● 孢子葉直立生長，突出營養葉之高度，較有利於孢子之傳播，其羽片較狹小。

● 羽軸兩側各有一列弧脈

● 營養葉之頂羽片末端較細長，靠近頂端之側邊具有帶根的不定芽，有時側羽片亦可見不定芽。

163

鱗毛蕨科
Dryopteridaceae

鱗毛蕨科是個大科，多數都具有傾向圓形的孢子囊群與孢膜，孢子囊群大都長在脈上，它們的生長習性偏岩生型。此外，多數葉表的葉軸與羽軸有溝相通，且非常光滑，而葉背之相同位置則多鱗片。它們特別適應溫帶地區的環境，在冬天會下雪的落葉林下尤其常見，春天則常可看到上舉的一叢新葉外圍環繞著一圈雪埋枯死的老葉，這也是亞熱帶冬天下雪的高山地區常見的景象。

觀察南海鱗毛蕨

南海鱗毛蕨是中、低海拔山區最常見的鱗毛蕨科蕨類，多半生長在林緣邊坡、稍有遮蔭的岩壁環境裡。它的葉子是二回羽狀複葉至三回羽狀分裂，其基部羽片的最下朝下小羽片特別大，形成一回羽狀分裂至深裂的小羽片，並且向外撇，乍看葉片好像長了一對八字鬍，因此整個葉形為稍長之五角形。此外，它的葉柄與葉軸多具有褐色至深褐色之鱗片，甚至連小羽軸及裂片中脈之葉背亦疏被褐色鱗片，由此可知「鱗毛蕨」名稱的由來。

孢子囊群圓形，孢膜圓腎形，長在脈上。

葉片厚肉質

鱗毛蕨科檔案

外觀特徵：莖通常粗短，斜上或直立，罕見橫走莖。葉多為羽狀複葉，多半叢生；大多數種類葉表之葉軸和羽軸皆有溝，且彼此相通，其上通常光滑無毛，但葉背多少具鱗片。葉柄橫切面之維管束至少三個，排成半圓形。葉脈多為游離脈，少有連結成網狀。孢子囊群多為圓形，且多具孢膜，長在脈上。

生長習性：為地生型的中小型植物，在高山地區常成群出現。

地理分布：主要分布於亞熱帶高山至溫帶地區；台灣則全島分布，但以中、高海拔種數較多。

種數：全世界有至少18屬約570種，台灣有11屬86種。

由葉柄算起第二對（含）以上羽片，其
最基部的小羽片朝下生長（下先型）。

基部羽片之最下朝下小羽片
特別長

●南海鱗毛蕨常見生長在中、低海拔山區的林緣邊坡
　上，其幼葉略帶紅暈。

幼葉為略
帶紅暈之
橄欖色

葉柄、葉軸、羽軸
有褐色至深褐色之
窄線形鱗片。

莖短，向斜
上生長。

何謂「上先」、「下先」？

　　具有五角形葉片的鱗
毛蕨科植物基本上可以
依羽片最基部小羽片（
或裂片或主側脈）的生
長方向分成兩大群，朝
上者稱為「上先型」，
朝下者稱為「下先型」
。如果在野外看到此類
的鱗毛蕨科植物，上先
型者為複葉耳蕨屬，下
先型即鱗毛蕨屬。不過
，不論是上先或下先型
的鱗毛蕨科植物，其最
下一對羽片的結構都是
上先型，所以要從倒數
第二對以上開始判斷，
這也是鱗毛蕨科在結構
變化上吸引人之處。

上先　　　　下先

三叉蕨科
Tectariaceae

三叉蕨科和鱗毛蕨科一樣，多數都具有傾向圓形的孢子囊群與孢膜，孢子囊群大都長在脈上，它們的生長習性偏岩生型，且其葉表的葉軸與羽軸不但無溝且向上隆起，並密被多細胞雙節棍狀之軟毛。此外，因有不少三叉蕨科的蕨類其頂羽片明顯呈三叉狀，所以才會有如此具象的科名。

觀察蛇脈三叉蕨

蛇脈三叉蕨是典型常見的三叉蕨科蕨類，生長在亞熱帶成熟林的溪谷邊坡，在北部低海拔潮濕地區林下數量頗多。
它具有明顯的三叉型頂羽片，且羽片的主側脈還如蛇蠕行一般彎來彎去，呼應其名稱顯得十分傳神。除了以上特點外，它的主側脈兩邊各有一排大型的孢子囊群，所以兩個主側脈之間即有兩排孢子囊群，這也是它主要的辨識特徵。

葉薄紙質 ●

●蛇脈三叉蕨常長在潮濕、多腐植質的溪谷地區邊坡

葉脈顯著，羽片主側脈稍呈「之」字形彎曲，細脈網狀，網眼中有游離小脈。●

孢子囊群大型，羽片主側脈兩側各有一排，孢膜為圓腎形。●

三叉蕨科檔案

外觀特徵：葉子多深綠色，質薄，乾後呈深橄欖褐色。葉表羽軸無溝，可見多細胞毛。孢子囊群圓形，位於脈上，孢膜圓腎形。多數種類其葉脈為網狀，有的甚至網眼內尚可見游離小脈。
生長習性：皆為地生型，偏好岩石較多的林下環境。
地理分布：廣泛分布熱帶地區，台灣則主要分布於中、低海拔。
種數：全世界有14屬約420種，台灣有6屬29種。

基部羽片具柄，其基部朝下小羽片特別大，葉形傾向五角狀卵形或披針形。

網狀脈中有游離小脈的蕨類

演化舞台

　　在三叉蕨科的三叉蕨屬植物中有些種類的葉脈為網狀，而且網眼內尚有游離小脈，此一特徵非常類似高等植物的脈型，因此，可以說是蕨類植物中較進化的特徵之一。

　　有趣的是，全世界的蕨類中，網眼中有游離小脈的脈型主要是出現在水龍骨科和三叉蕨科，以及分別與兩者親緣關係較近的雙扇蕨科、燕尾蕨科，和蔓藤蕨科實蕨屬、鱗毛蕨科之貫眾屬。但從演化的趨勢來看，水龍骨科主要朝向潮濕森林高位著生的方向，而三叉蕨科則是占據林下較多岩石之環境。也就是說，雖然兩者親緣關係不相近，而且生長環境也非常不同，但卻同時演化出相同的脈型。這也是「趨同演化」在蕨類當中可以觀察到的另一個例證。

● 具有一回羽狀深裂之三叉狀頂羽片

葉軸與葉柄呈不發亮之褐色，葉柄基部顏色較深。

根莖短而斜上生長，葉叢生。

一至二回羽狀複葉，羽片邊緣呈鋸齒狀分裂。

蹄蓋蕨科
Woodsiaceae

蹄蓋蕨科的族群龐大，外觀的變異也很複雜，有些種類甚至尚未被命名，但整體而言，蹄蓋蕨科主要是由蹄蓋蕨和雙蓋蕨這兩群組成，它們的成員都具有長形、長在脈上的孢子囊群，孢膜都有固定的形狀，而葉表主軸也都具有溝槽且相通。然而雙蓋蕨類主要分布在較低海拔地區，蹄蓋蕨類則幾乎全在中、高海拔。

觀察過溝菜蕨

許多人心目中蕨菜的代表──「過貓」，其實就是蹄蓋蕨科雙蓋蕨類中的一員。它正式的名稱為「過溝菜蕨」，是低海拔平野地區普遍常見的蕨類，植株高度可達一公尺以上，通常生長在田邊、溝渠邊、河岸等開闊的濕地環境，人們所食用的部分是它鮮嫩的幼葉。過溝菜蕨具有蹄蓋蕨科的各項典型特徵，及雙蓋蕨類獨特的背靠背雙蓋形孢膜，而它的「小毛蕨脈型」則是相當重要的身分密碼。

典型之葉片為二回羽狀複葉，傾向肉質狀。但幼株之葉片為一回羽狀複葉。

葉表之葉軸和羽軸上有溝且相通

莖短而直立，偶亦可見突出地表約30公分高的挺空直立莖。

蹄蓋蕨科檔案

外觀特徵：葉柄基部具有膜質、不透明之鱗片，往上通常光滑無鱗片；其基部橫切面可見兩條維管束，向上癒合成U字形。葉多為一回以上之羽狀複葉，大部分葉軸傾向肉質狀，略帶紫紅色。葉表之葉軸與羽軸通常具深縱溝，且互通。葉脈游離，少有網狀脈或小毛蕨脈型。孢子囊群多為長形，長在脈上，大多具孢膜，主要有背靠背雙蓋形、J形或馬蹄形、香腸形與長線形四種。

生長習性：以林下之地生型最多，偶亦可見岩縫植物，大多成叢生長。

地理分布：廣泛分布世界各地，尤以熱帶、亞熱帶與暖溫帶之山地潮濕林下最多；台灣主要產於中、低海拔林下。

種數：全世界約有20屬680種，台灣有14屬73種。

孢子囊群長條形，孢膜為背靠背、開口各自朝外的雙蓋形。

● 具有小毛蕨脈型
（見P.147）

● 過溝菜蕨生長在水邊濕地，極耐水淹，農民常將其栽種於圳溝邊，採其嫩葉做蔬菜之用。

識別錦囊

形形色色孢膜大集合

雖然蹄蓋蕨科全科形態的變異極大，孢膜的外形也是所有蕨類中變化最多的，但其中最大的一群卻都具有偏向長形的孢膜，依外形特色則又可細分成「香腸形」、「馬蹄形」或「J形」、「長線形」，以及前面提到過溝菜蕨的「背靠背雙蓋形」等；此外，也有少數種類其孢膜較偏圓形，甚至也有無孢膜或具有由葉緣反捲之假孢膜者。

● 蹄蓋蕨科常見的四種長形孢膜

蕨類與人

潛力十足的颱風菜──過溝菜蕨

過溝菜蕨是台灣少數被當作一般蔬菜種植的蕨類植物，它是台灣的原生種，原本即生長在平原沼澤濕地的環境，對環境變化的適應度很高，不管是水退或短時間浸水對它的生存都不致造成威脅。由於天生不怕水淹，也不需要終年浸水，在宜蘭地區，常可以看到水渠兩岸種植著大片的過溝菜蕨，因為宜蘭是個水鄉，正適合這種植物的生長。

台灣夏季常受颱風水災之苦，每次災後，菜市場上都只剩不怕浸水的空心菜，其實過溝菜蕨也是很好的颱風菜，如果能加以推廣，未來颱風過後，人們在餐桌上就不會只有空心菜一種選擇了。

田字草科
Marsileaceae

望文生義，田字草科的葉形就像是個「田」字，全世界的蕨類只有本科具有這種葉形，而且台灣只有一種，要辨識它可說輕而易舉。唯一要注意的是，有人可能會將它和突變具有四片小葉的酢漿草相混淆，其實它們的小葉不但外形略有不同，脈型也差異極大，仔細對照它們的葉片，還真是「神相似貌不同」呢！

●酢漿草的葉片是由三片小葉所構成，小葉頂端顯著凹入。

田字草科檔案

外觀特徵：根莖長匍匐狀且二叉分支。葉絲狀或葉柄頂端具有二至四片小葉，後者呈十字深裂之「田」字形。幼葉捲旋狀。孢子囊果長在葉柄基部和根莖交接處附近，表皮既厚且硬。

生長習性：著土型之濕生或水生植物，常見其葉片漂浮水面。

地理分布：主要分布於澳洲、太平洋島嶼、非洲南部、南美，台灣低海拔水田及其四周零星可見。

種數：全世界有3屬53～75種，台灣有1屬1種。

觀察田字草

田字草是著土型的水生植物，它的根與莖必須長在爛泥巴裡。旱季時，莖、葉完全接觸空氣，淹水時偶爾挺出水面或沉在水中，但在一般正常淹水的狀況，其葉片是浮在水面上的。它的孢子囊果只出現在枯水期，而在緊接而至的淹水期，即開裂釋放孢子，並藉著水流傳播出去。過去田字草是台灣低海拔水田中常見的植物，往往成片蔓生，可惜今天已逐漸稀少，不太容易看到了，從這裡也可以看出台灣水田除草劑使用氾濫的程度。

葉片由四片小葉構成，呈「田」字形排列，裂片全緣或呈撕裂狀。

葉柄長，與葉片的平面垂直相交。

幼葉捲旋狀

葉脈是二叉分支，由基部連續地往外分叉，部分小脈左右連結形成網狀，網眼細長形。

●根莖長匍匐狀

田字草與水田的關係

田字草在長期的演化過程中，已極為適應水田的環境，在收割稻子前，農人會把水田的水放掉，水田變乾之後，田字草就開始長出孢子囊果，到了下一個稻作季節，水再被引入田中，田字草的孢子囊果遇水而脹裂，裡面的孢子就散播出來，藉水流展開繁衍的重任。在滿水位時，田字草的葉柄長度會隨著水位上升而加長，將葉片平貼水面有效地行使光合作用。就好像瘤足蕨與檜木林的關係一般，田字草與水田的關係也是密不可分。

●枯水期才出現的孢子囊果，長在葉柄基部，表皮既厚且硬。

●田字草是過去台灣農田常見的雜草，現今由於除草劑的使用，已變得不太容易看見了。

槐葉蘋科
Salviniaceae

槐葉蘋科屬於漂浮型的水生蕨類，乍看和普通常見的浮萍有點像，只是體型較大，且浮水的葉片表面上布滿排列整齊的毛狀突起。本科台灣原生僅有一種，過去在全島低海拔水域四處可見，是平野淡水沼澤濕地的指標植物之一，甚至在校園的水溝就可以看到，但目前台灣的水域環境多遭汙染或開發利用，使其已成為稀有植物。

觀察槐葉蘋

台灣野生種的槐葉蘋喜歡生長在未受汙染的水域，浮水的葉子約有一公分大。表面上看來，它的葉子似乎是兩兩對生，其實在每對浮水葉下面還有一撮根狀物，這是它的沉水葉。我們如何知道它是葉子而不是根呢？仔細觀察，像根狀物的基部著生著圓圓的、成串的孢子囊果，而如我們所知，蕨類的孢子囊一定是長在葉腋或葉背，不會長在根上。因此，槐葉蘋是三葉輪生，其中一片沉水的葉子變成根狀，它沒有真正的根。

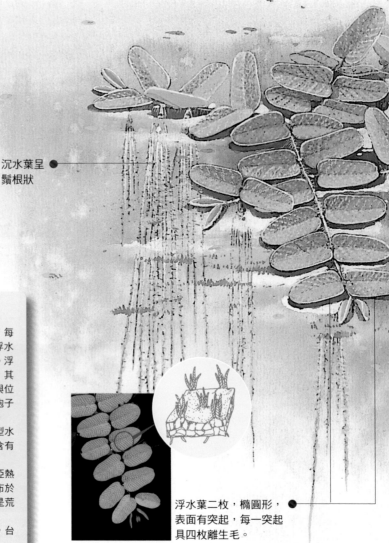

沉水葉呈鬚根狀

浮水葉二枚，橢圓形，表面有突起，每一突起具四枚離生毛。

槐葉蘋科檔案

外觀特徵：無根。莖細長，每節長出三片葉子，二枚浮水，一沉水葉則呈鬚根狀。浮水葉表面平整或具突起，其上有毛，毛的排列方式與位置是區分種類的特徵。孢子囊果群生於沉水葉基部。

生長習性：漂浮水面的小型水生植物，喜歡生長在富含有機質的水域。

地理分布：分布於熱帶、亞熱帶地區的水域；台灣分布於低海拔淡水濕地，尤其是荒蕪的池塘中。

種數：全世界有1屬10種，台灣有1種。

●屬於浮水植物的槐葉蘋，在水面上可見其兩兩對生的葉子排成一排，由於常以分裂的方式繁殖，因此往往成群出現。

飄洋來台的
人厭槐葉蘋

台灣前幾年水族箱觀賞魚的養殖業者為了因應造景用水生植物的需求，從國外引進一種南美洲的槐葉蘋，這種蕨類植物當數量大，且我們靠近觀賞時，會有一種很奇怪的味道，所以它的名字就叫做「人厭槐葉蘋」。

如果用放大鏡注意觀察，它的浮水葉上每一組突起的毛長相跟台灣的原生種不一樣：台灣的槐葉蘋是四根呈指狀分開向上生長，且有點向外彎；而人厭槐葉蘋則是四根向內彎且頂端靠在一起，其基部具有長共同柄，整個外形似打蛋器，且毛較長較多，所以看起來每片葉的葉表面都是毛茸茸的。它除了生長速度很快以外，也非常容易繁殖，只要植株一分裂，各部分都可發育出一個完整的個體。

與布袋蓮一樣，由於人類的媒介，目前在熱帶、亞熱帶的水域都可見其蹤跡，有些地區甚至已成為數量極為龐大的雜草，危害水道及水庫。

● 淡褐色的孢子囊果群生於沉水葉的基部

● 根莖細長

●外來種的人厭槐葉蘋葉子較大，葉兩側邊緣常會向上捲曲，葉表也較有毛茸茸的感覺。

173

滿江紅科
Azollaceae

在公園的水池、郊外的水潭或是較少施放農藥的水田中，常會看到各式各樣的浮萍。其中有一群形似魚鱗，冬天時顏色還會轉紅，顯得很特別，它們是全世界最小的蕨類，卻具有相當豪氣的科名──「滿江紅」。

觀察滿江紅

滿江紅的葉子很小，每片大約只有一公釐，植株呈三角形或長橢圓形，寬不超過一公分。它是漂浮型的水生植物，因為葉片中含多種色素，秋冬之際溫度降低時，葉綠素被破壞，葉子就會變紅；加上它一旦蔓生起來，往往布滿整個水面，所以「滿江紅」這個意象鮮明的名字就此應運而生。

孢子囊果長在葉子下方●

滿江紅科檔案

外觀特徵：葉小型，二列互生，每片葉裂成上下二瓣，上裂片浮水，內有空腔；下裂片沉水，膜質。孢子囊果長在分枝最基部的葉子下方，由下裂片特化而形成，單性，成對生長，雌孢子囊果較小。根細長不分叉。

生長習性：漂浮性水生植物。

地理分布：廣泛分布於新世界的美洲各地，舊世界的非洲、東亞、澳洲亦見其蹤跡，在歐洲則為外來引入種。全台灣中、低海拔地區水域偶見，生態幅度較槐葉蘋大。

種數：全世界有1屬6種，台灣至少有1種。

●由於滿江紅是以分裂的方式做為繁殖策略，故常見
其成群出現。秋冬之際，在較冷涼地區，
其顏色會轉紅。

●葉小型，表面有許多細毛
，可防止水滴的停留，在
水面上沿著纖細的莖左右
兩側互生，排列緊密。

葉子分裂成上下二片，
上裂片浮水，可行光合
作用，內有開口朝下的
大空腔；下裂片沉水，
膜質，不具葉綠素。

根很直，沉於
水中，單一不
分叉。

固氮增肥的綠肥植物

蕨類與人

滿江紅科是全世界周知的一群
綠肥植物，在還沒有化學肥料的
時代，農民會在水田裡同時放養
一些滿江紅，因為滿江紅的葉子
上裂片的空腔內會有藍綠藻「共生」
，藍綠藻可以把空氣中游離的氮素固
定下來，對肥沃土質很有幫助。

今天有些地方的農民仍多使用有機
肥料，他們常放任滿江紅在田裡生長
，一段時間後就翻整土壤將它埋起來
，如此土質中就含有氮，整個田地會
變得肥沃一點。而台灣過去因使用過
多的化學肥料，許多土地已習慣於仰
賴重肥，雖然政府曾經有一度想廣植
滿江紅，以減少台灣的土地對化學肥
料的依賴，但實在沉痾太深，且滿江
紅所能提供的可利用氮素實遠不及化
學肥料，所以一時之間，滿江紅似乎
也很難發揮作用。

如何實地認識蕨類

剛開始認識蕨類時，不妨先從居家附近較自然的環境展開觀察。一般而言，蕨類植物的辨識重點主要是它長在葉背、具有各種變化的孢子囊群。因此，觀察蕨類的第一步就是先找到具有「典型」孢子囊群特徵的葉子。

所謂「典型」的蕨葉，是指這片葉子要能清楚顯示是否具有孢膜，及孢膜的形態和生長位置；如果已經確定沒有孢膜，就要確定能看出孢子囊群是什麼樣子，孢子囊群長在什麼位置。

生長在野地的蕨類，有時我們只能看到孢子囊已經開裂的葉子，這時候就很難確定它是否具有孢膜，也無法判斷它是屬於那一個分類群了。所以初學者常碰到一種情形，即觀察了許多的蕨類，卻沒有一株個體可以確認。

因此，這裡要建議初學者，每次出野外，與其走馬看花、漫天撒網，不如確確實實、仔仔細細針對兩、三種蕨類進行觀察，並加以判斷與確認。其實，尋找典型蕨葉的過程也是一種觀察力的訓練，對於往後的辨識工作將有很大的幫助。

如何做觀察記錄

觀察蕨類時，如果能夠配合做記錄，對於入門者應該很有幫助。筆記本、筆是必要的工具，而一個十倍的放大鏡將使觀察更加便利。如果再加上攝影器材的輔助，影像資料將更具參考價值。

筆記本上可以記錄時間、地點、同伴、天候、環境、路線、地標等基本資料，另外，在記錄蕨類的外觀特徵時，不妨也試著將其描繪下來，並加上註記，甚至寫下自己的感想。其實，一些乍看之下與蕨類無甚相關的記載，很可能對下次重回舊地大有幫助。久而久之，所累積的資料，不僅是可供回味的私人賞蕨手記，更是最適合自己繼續蒐尋研究的蕨類輔助參考書。

【文字記錄】

記錄時，蕨類的重要特徵可根據本書中所提示之分科重點選擇性記載，例如：小葉類著重小葉在莖上的排列方式，小葉的形狀，有無孢子囊穗及其形狀等；水生的蕨類則要觀察其習性及葉的特徵；陸生的蕨類葉子當然是最大的重點，包括：葉的分裂程度，葉緣、小羽片或

如何採集蕨類

欣賞蕨類其實並不一定需要採集標本，只要自己的賞蕨手冊記錄得夠仔細，在相似的環境下賞蕨，手冊上的資料即可勾引起足夠的回憶。只是詳細地記錄觀察資料需要花費較多的時間，當進行較遠程的賞蕨之旅時，短時間內，賞蕨者如果想要記錄較多的種類，合理的採集標本可以是取代繪圖與重點記錄的一個較簡便的方法。

【工具】

枝剪、封口塑膠袋、具吸水性之筆記本。

【採集要點】

●採集時儘量不要用手直接攀折，因為這樣可能對植物造成傷害。

●最好能隨身攜帶一只封口塑膠袋，由於袋內能保持濕氣，置於其中的蕨葉通常能維持新鮮狀態三至五天；或者隨身攜帶一本紙張具吸水性的筆記本，可以隨時將採得的標本夾在筆記本中。

末裂片的形狀，孢子囊群的著生位置，有無孢膜，以及脈的分支及結合情況，如游離脈或網狀脈，網狀脈的網眼結構及網眼內有無游離小脈等。

【繪圖及攝影記錄】

有些特徵較不容易用文字表達，除了動筆畫下來外，也可以選擇攝影的方式做影像記錄。

攝影最基本的要求就是「主題要清楚」，因應不同的需求情況，所攜帶的攝影工具會有所不同。如果要記錄觀察地點的生態環境、植株的生活場景，甚至較大型蕨類的個體或局部，一般的家用錄影機、數位相機，甚是手機，即可派上場。但如果重點是小羽片或裂片上的孢子囊群，則就須使用單眼相機加上近距鏡頭；有腳架更好，因為近距離拍攝時，手的震動或是微風都會影響拍攝效果，尤其大部分蕨類是生活在較暗的環境，曝光時間都比較長，輕微的震動就會使畫面模糊。目前在台灣野外生態攝影蔚為風潮，除了坊間可見介紹生態攝影的書籍外，也有一些民間組織在推廣，不妨酌加參考。

攝影可以獲得永恆的影像，而且是一種不會傷害到植物體，卻又能忠於「原色」的方式，多拍幾個不同的角度，將使查證確認的工作更容易。

●用枝剪採下一小段蕨類，裝入封口塑膠袋或置入筆記本中，並記錄相關資料。

●確實有採集標本的需求時，建議只採一片小羽片或數個末裂片即可，因為採集蕨葉的一小部分對於一棵蕨類的傷害最小，而且，其實許多蕨類的葉片很大，並不方便整個製作成標本。

千萬不要整株拔起，因為拔起一棵蕨類，就好比挖掉一棵樹一般；當族群數量少時（僅一小群，數量在兩、三株以下），則嚴禁採集，盡可能以拍照取代。

如何製作蕨類標本

採下來的蕨葉或羽片必須先將它乾燥，才能長時間保存和多次利用，乾燥手續的原則是：要壓平且快速脫去水分，脫水速度越快，越能保持原有的色彩。若是不能馬上脫水、乾燥，就須先放在封口袋中，避免因水分蒸散而使標本腐爛變形。大部分蕨類植物的葉子為草質，很容易失水，而放封口袋也非長久之計，因為時間久了就會發霉、腐爛。因此，若沒有辦法做成標本，就應避免將它們採下來，植物也是生命，不應任意糟蹋。

【工具】

舊報紙或吸水性較強的任何紙張、舊電話簿、白紙、美工膠帶、醫療用膠帶或膠水

【業餘標本製作步驟】

① 將野外帶回來的新鮮標本整理好、攤放在舊電話簿內；或是夾在舊報紙等任何吸水性較強的紙張中，每隔數份再插入一張瓦楞紙板，增加通風機會。最後用書籍或石頭等重物壓住。

② 將整疊壓好的標本放在乾燥的地方，甚至也可以擺在除濕機旁使其乾燥，約數天至一星期後，即成可以永久存放的乾燥標本了。

③ 取出乾燥後的標本，用不會傷到標本和紙張的美工膠帶、醫療用膠帶或一般膠水，將標本固定在白紙上或筆記本上。

④ 參考野外的採集觀察記錄，將與其有關的各種資料寫在旁邊，例如：時間、地點、生態環境、採集者、形態特徵、科名、種名等，也可寫下觀察鑑定時的疑問，最後甚至可將標本加以護貝，可以保存更久。

愛它不一定要擁有它

　　蕨迷們在欣賞蕨類的過程中，難免會希望在家裡擁有喜歡的蕨類植物。然而大部分的蕨類其實必須生活在空氣濕度極高的地方，與一般居家環境乾爽的需求大不相同，尤其是在有空調設備的房間裡，蕨類更是不容易存活。所以喜歡蕨類、對待蕨類最好的方式，應是讓它們留在自然的環境裡，更能永續生存。

　　從野外採集整株的蕨類植物，這是比較資深的蕨迷才能做的事情，因為蕨迷們必須知道採集地該種的族群分布狀況，以及可以遷移的個體數量；也必須知道在何種環境下的個體可以移植，以及該移至何處，在何種處置之下加以照顧，植株才容易存活，這種評估的能力很難一蹴可及，需要時間慢慢養成。因此新進的蕨迷千萬不可躁急，以免不小心破壞了生態環境卻不自知。

　　世界各地都有人為蕨類著迷，因此由同一地區的人組成，具備聯誼交流性質的「蕨類俱樂部」便應運而生。建議想要養植蕨類的蕨迷不妨先加入當地的蕨類俱樂部，一方面學習採集的規範，另一方面也可從中習得培育蕨類的技術，在歐、美、日等地區的蕨類俱樂部，大都已發展出培植蕨類比較制度化的技術，例如如何用分叉的橫走莖分割繁殖，如何用不定芽繁殖等，更先進者甚至可用孢子繁殖。跟著有經驗的前輩腳步走，可說是由入門到進階最安全的方法。

【名詞索引】

【延伸閱讀】

● 郭城孟　2020．蕨類觀察圖鑑1：基礎常見篇，1-424．遠流出版公司.

● 郭城孟　2020．蕨類觀察圖鑑2：進階珍稀篇，1-382．遠流出版公司.

● 許天銓、陳正為、Ralf Knapp、洪信介　2019．台灣原生植物全圖鑑第八卷（下）：蕨類與石松類：蹄蓋蕨科——水龍骨科，1-476．貓頭鷹出版社.

● 許天銓、陳正為、Ralf Knapp、洪信介　2019．台灣原生植物全圖鑑第八卷（上）：蕨類與石松類石松科——烏毛蕨科，1-448．貓頭鷹出版社.

● 臺灣植物紅皮書編輯委員會 (2017) 2017　臺灣維管束植物紅皮書名錄，1-194．行政院農業委員會特有生物研究保育中心、行政院農業委員會林務局、臺灣植物分類學會.

● Knapp, R.　2017．Ferns and Fern Allies of Taiwan–Supplement 2, 1-491．KBCC Press.

● Knapp, R.　2014．Index to Ferns and Fern Allies of Taiwan.　KBCC Press.

● Knapp, R.　2013．Ferns and Fern Allies of Taiwan–Supplement, 1-218．KBCC Press.

● Chang, H.-M., W.-L. Chiou, J.-C. Wang　2012．Flora of Taiwan: Selaginellaceae.　Endemic Species Research Institute, COA.

● Knapp, R.　2011．Ferns and Fern Allies of Taiwan. 1-1072. Yuan-Liou Publishing Co., Ltd.

● 郭城孟、黃俊溢、黃婉玲、高美芳　2011．蕨妙草山——陽明山蕨類的故事，1-192．陽明山國家公園管理處.

● 郭城孟、黃俊溢、高美芳　2010．蕨影——大雪山國家森林遊樂區蕨類植物解說手冊，1-385．行政院農業委員會林務局東勢林區管理處.

● Liu, Y.-C., W.-L. Chiou, H.-Y. Liu　2009．Fern Flora of Taiwan: Athyrium. 1-110．Taiwan Forestry Research Institute, COA.

● 郭城孟　2004．相約在蕨園，1-76. 臺北市立動物園.

● 郭城孟、許天銓、黃婉玲、高美芳　2007．金瓜石蕨類圖誌，1-128．臺北縣立黃金博物館.

● 郭城孟　2003．蕨，1-63．國立臺灣科學教育館.

● 王志強　2003．蕨色天成——惠蓀林場蕨類觀察，1-192．國立中興大學農業暨自然資源學院實驗林管理處.

● 郭城孟、高美芳、翁茂倫　2000．賞蕨——梅峰地區賞蕨手冊，1-127．臺灣大學農學院附山地實驗農場.

● Chiou, W.-L., K.-C. Yang, Y.-P. Yang, K.-S. Hsu, S.-Y. Chen　2000．Type Specimens in the Herbarium of the Taiwan Forestry Research Institute. I. Pteridophyta. 1-92．Taiwan Forestry Research Institute, COA.

● 王力平、林志欽　2000．蕨代風華，1-90．文化大學森林系.

● 江瑞拱、陳進分　1998．蕨類植物，1-52．行政院農業委員會臺東區農業改良場.

● 牟善傑、許再文、陳建志　1998．溪頭蕨類植物解說手冊，1-151．行政院農業委員會.

● 林仲剛 1996．臺灣蕨類植物的認識與園藝應用，1-125．自然科學博物館.

● 紗帽山蕨類步道研習班　1999．蕨色紗帽山，1-152．臺北市教師研習中心.

● 郭城孟　1982．臺灣蕨類植物，1-138．臺灣省教育廳.

● 郭城孟　1985．蕨類植物繁殖及其在造園上之應用，1-8．台北市政府工務局74年度園藝講習會，造園植物栽培管理技術講習班講義．中華民國造園學會.

● 郭城孟　1987．臺灣的蕨類植物資源及其保育，取自周昌弘、彭鏡毅、趙淑妙（編），臺灣植物資源與保育論文集，165-172．中華民國自然生態保育協會.

● 郭城孟　1997．臺灣維管束植物簡誌I:1-256．行政院農業委員會.

● 郭城孟　1998．臺灣蕨類植物區系之研究，取自邱少婷、彭鏡毅（編），海峽兩岸植物多樣性與保育學術研討會論文集，9-19．國立自然科學博物館.

● 郭城孟、于宏燦　1986．墾丁國家公園蕨類植物之調查研究．保育研究報告29：1-114．內政部營建

署墾丁國家公園管理處.

● 郭城孟、高美芳、翁茂倫　2000.　賞蕨──梅峰蕨類植物，1-127.　行政院農業委員會.

● 郭城孟、高美芳、張啟璀　1999.　蕨類天地.　新知識圖書館叢書129:1-33.　錦繡出版社.

● 郭城孟、陳應欽　1990.　太魯閣國家公園蕨類植物之研究，1-135.　內政部營建署太魯閣國家公園管理處.

● 陳玉峰　1987.　后土的蕨之舞.　科學眼　38(6)：118-131.

● 陳應欽　1999.　山林「蕨」響.　大地地理雜誌131：18-37.

● 陳應欽　2001.　山林蕨響，1-215.　人人月曆

● 馮蕙卿、高美芳（編）1995.　蕨──尖石地區常見的蕨類植物，1-110.　新竹縣政府／教育部.

● 黃明德、江瑞拱、陳進分（編）　1999.　蕨類植物種源搜集及應用研討會專輯，1-135.　行政院農業委員會臺東區農業改良場.

● 鄭武燦　1984.　蕨類植物.　中國孩子的自然圖書館90:1-23.　錦繡出版社.

● 謝萬權　1972.　蕨類植物群，取自中山自然科學大辭典8:539-600.　臺灣商務印書館，臺北.

● 謝萬權　1981.　蕨類植物，1-258.　自行出版，臺中.

● Huang, T. C. (ed.)　1994.　Flora of Taiwan 2nd ed. 1:1-648.　Editorial Committee of the Flora of Taiwan, Second Edition, Taipei.

● Li, H. L., T. S. Lui, T. C. Huang, T. Koyama & C. E. DeVol (eds.)　1975.　Flora of Taiwan 1:1-562.　Epoch Publishing Co. Ltd., Taipei.

【期刊】
● 自然步道雙月刊，中華民國自然步道協會.

● 保育季刊，特有生物研究保育中心.

＊除以上所列，各國家、地區的植物誌（flora）或植物手冊（manual／handbook）等，也可以找到相關資料。現代網路資訊發達，用一般的搜尋引擎，以「蕨」、「fern」、「pteridophyte」、「filicum」、「monilophytes」、「シダ」、「しだ」等字搜尋，也都可以找到十數筆甚至上百筆資料。

【圖片來源】（數目為頁碼）

● 封面／陳春惠設計、黃崑謀繪圖

● 16、17、50、51、76、77、92、93／唐亞陽設計、陳春惠製作

● 全書照片／蕨類研究室、陳家慶、呂碧鳳、黃俊溢、黃婉玲提供

● 全書手繪圖（除特別註記外）／黃崑謀繪

● 64／劉鎮豪繪，引自《北部海濱之旅》（遠流）

● 20、21、30、32、46、47、62、63、75 地圖、113 右上小圖、141 下小圖、165 右下小圖／陳春惠製作

● 22／底圖黃崑謀繪，陳春惠電腦上色製作

【後記】

郭城孟

　　由於台灣位於第四紀冰河時期、全世界最大生物避難所的範圍內，所以擁有一些古老血緣的蕨類；加上台灣具有因地理位置與年輕地質史而產生的高聳多變、分化細緻的生態環境，所以更涵蓋了熱帶至寒帶以及特有的種類，這些種類也各自演化出各種不同的生存本領，以適應生長在不同的生態棲位。因此，全世界蕨類植物的各大類，台灣幾乎都可以看到；而蕨類適應環境所發展出來的各種生長方式，台灣也幾乎是無所不包，這些特點都是台灣蕨類吸引人之處。而且，台灣蕨類的豐富性是全世界排名最高的地區之一，除了種數之外，許多種類的數量也相當可觀，因此，蕨類可說是台灣地理景觀不可或缺的一部分，這樣多樣化的蕨類植物，讓台灣成為研究和欣賞蕨類的天堂。

　　為了讓讀者更進一步瞭解這些在台灣無所不在的蕨類，本書的撰寫方式主要是以演化與生態的角度進行的。地球上的植被，從數億年前的蕨類森林，經過裸子植物森林時期，至開花植物成為森林的主角，每一個階段蕨類都需要適應及轉變，有些類群消失了，有些類群形態特徵轉變了，有些則是因應森林的改變而演化出迥異於以往的新類群。演化的路徑是本書介紹台灣各科先後順序的主要依據，而各種蕨類的適應與生存機制，則為本書的演化枝幹增添綠葉，期盼不僅可將蕨類的來龍去脈做一較有系統地介紹，也希望能增加讀者對蕨類如何適應生態環境，有更深一層的認識。

　　2001年，本書之原版《蕨類入門》推出時所採用的是當時廣泛使用的分類系統，是根據形態、化石、化學成分、發生學、解剖學以及細胞遺傳等多樣化證據所建構的。至今

將近二十年間，許多新的研究，尤其是分子技術的發展，讓彼此的親緣關係更加明確。集全世界眾多學者的努力下，2016年Pteridophyte Phylogeny Group第一版（PPG I）問世，將全世界「蕨類和石松類」共分成51科，台灣有38科；主要的變動是：一、蕨類、石松類、種子植物間的關係，過去認為產生孢子的蕨類和石松類關係較近，分子訊息表達的是種子植物介在兩者之間，且松葉蕨、木賊，屬於「蕨類」，而不是「石松類」。二、原來蹄蓋蕨科中幾個比較特殊的類群，冷蕨、軸果蕨、腸蕨、岩蕨、球子蕨、腫足蕨等，都獨立成科；海金沙和莎草蕨分科；禾葉蕨科併入水龍骨科，燕尾蕨併到雙扇蕨科，滿江紅併到槐葉蘋科；舌蕨屬和實蕨屬從蘿蔓藤蕨科移至鱗毛蕨科。不過，此次修訂新版，我們仍沿用原來比較廣義而保守的分類系統，一來是因為對初學者來說，這可能是較易理解的路徑；再來是PPG I仍有一些親源關係尚未釐清，日後或有部分會再調整。儘管書中採用的分類系統和PPG I切分的角度有所不同，但內涵並不會因而減損，也不影響對蕨類的認識。

　　這本書的完成，要感謝遠流台灣館編輯室的傾全力配合，尤其美術編輯黃崑謀先生的繪圖，更成為本書獨特的亮點。同時感謝蕨類研究室歷年來的研究生及助理群：翁茂倫、陳應欽、鍾國芳、張和明、徐德生、王力平、吳維修、李大翔、蘇聲欣、楊凱雲、陳奐宇、劉以誠、高美芳等人，幫忙拍攝幻燈片和筆錄授課內容，為本書的誕生產生了催化的作用。最後，特別感謝陳家慶、呂碧鳳、黃婉玲提供了他們的幻燈片，使得本書增色不少。

國家圖書館出版品預行編目 (CIP) 資料

蕨類觀察入門 / 郭城孟著；黃崑謀繪 . -- 初版 . -- 臺北市：
　遠流，2020.02
　184 面；23×16.2 公分 . -- (觀察家)
　ISBN 978-957-32-8709-4(平裝)

　1. 蕨類植物　2. 植物圖鑑

378.133025　　　　　　　　　　　　　108022648

蕨類觀察入門

觀察家

作者／郭城孟

繪者／黃崑謀

編輯製作／台灣館

總編輯／黃靜宜

副總編輯／張詩薇

新版專案編輯／張尊禎

美術設計／陳春惠

行銷企劃／叢昌瑜、李婉婷

發行人／王榮文

出版發行／遠流出版事業股份有限公司

地址／台北市 100 南昌路二段 81 號 6 樓

電話／（02）23926899　傳真／（02）23926658　劃撥帳號／0189456-1

著作權顧問／蕭雄淋律師

輸出印刷／中原造像股份有限公司

□ 2020 年 2 月 1 日 新版一刷

定價 500 元（缺頁或破損的書，請寄回更換）

遠流博識網 http://www.ylib.com Email: ylib@ylib.com

【本書為《蕨類入門》之修訂新版，原版於 2001 年出版】

《觀察家》

了解台灣文化的最佳起點。

台灣自然資源和人文特色既豐富多樣,且獨具一格。

深入這座「寶山」,如果沒有掌握適當的訣竅,難免要空手而返。

《觀察家》試圖為各種知識找出「入門」的方法,

包含簡明易懂的檢索、生動有趣的圖解、詳盡完整的說明,

加上現場觀察的祕訣,以及推薦實地探訪的最佳路線……

深入淺出的,開門見山,登堂入室。

只要隨身攜帶《觀察家》,人人都能成為「身懷絕技」的觀察家。

最受歡迎的古蹟入門經典

《古蹟入門》增訂版
李乾朗、俞怡萍◆著

- ●全覽25類台灣經典古建築
- ●暢銷20週年最新增訂版
- ●新增「產業設施」、「日式住宅」、「橋樑」等主題內容

第一部本土自製、揭開野菇豐富樣貌的圖解全書

《野菇觀察入門》
張東柱、周文能◆著

- ●野菇世界全方位揭密
- ●36科常見野菇輕鬆識別
- ●尋菇賞菇要訣大公開
- ●近百幅精密圖繪悅目賞析橋樑等主題內容

最完備的台灣昆蟲生態觀察指南

《昆蟲入門》
張永仁◆著

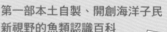

- ●輕鬆認識台灣常見41類昆蟲
- ●數百幀珍貴昆蟲生態圖片、標本照、場景圖繪與細部解說線圖
- ●附錄採集、飼養、做標本、觀察記錄步驟

第一部本土自製、開創海洋子民新視野的魚類認識百科

《魚類觀察入門》
邵廣昭、陳麗淑◆著

- ●全方位透視魚類世界
- ●傳授56科魚類辨識要訣
- ●探討演化祕密與有趣生態
- ●附錄觀察行動指南